Python 自然语言处理基础

主　编　陈仕鸿　李宇耀　马朝辉
副主编　黄宏涛　黄秀茵　黎记果

广东高等教育出版社
Guangdong Higher Education Press
·广州·

图书在版编目（CIP）数据

Python 自然语言处理基础/陈仕鸿，李宇耀，马朝辉主编. —广州：广东高等教育出版社，2021.12（2023.7 重印）

ISBN 978-7-5361-7189-3

Ⅰ. ①P… Ⅱ. ①陈… ②李… ③马… Ⅲ. ①软件工具-程序设计 ②自然语言处理 Ⅳ. ①TP311.56 ②TP391

中国版本图书馆 CIP 数据核字（2021）第 280384 号

PYTHON ZIRAN YUYAN CHULI JICHU

出版发行	广东高等教育出版社
	地址：广州市天河区林和西横路
	邮政编码：510500　电话：（020）87553335
	http://www.gdgjs.com.cn
印　　刷	广州市番禺区友联彩印厂
开　　本	787 毫米×1 092 毫米　1/16
印　　张	16
字　　数	340 千
版　　次	2021 年 12 月第 1 版
印　　次	2023 年 7 月第 2 次印刷
定　　价	45.00 元

前　言

自然语言处理是一门融语言学、计算机科学、数学于一体的学科。这一领域的研究涉及自然语言，即人们日常使用的语言，所以它与语言学的研究有着密切的联系，但又有重要的区别。自然语言处理并不是普通的自然语言研究，而是能有效地实现自然语言通信的计算机系统，特别是其中的软件系统。因而它是计算机科学的一部分。

《Python 自然语言处理基础》教材面向所有零基础，并对使用 Python 编程语言工具进行自然语言处理感兴趣的学习者，以全新的视角和丰富的案例，在介绍自然语言处理的概念、发展历程、技术概貌及 Python 编程语言等知识的基础上，深入浅出，系统地讲解了 Python 编程语言在多个自然语言处理领域典型场景的应用，包括词处理、词性和语义分析、文本情感分析、机器自动翻译等。

全书分为 12 章，主要内容包含：第 1 章为自然语言处理概述，介绍了自然语言与形式语言、自然语言处理概念及实践的发展，以及自然语言处理技术的概貌和框架等；第 2 章至第 7 章详细介绍了 Python 语言的基础知识，并对 Python 的重要程序包做了科学、准确和全面的介绍。"工欲善其事，必先利其器"。Python 是广受欢迎且公认易于学习，能快速切入问题领域的编程工具。对于零基础的学习者而言，通过这一部分的学习，可以较为系统地掌握 Python 的常用语法和第三方程序包并灵活使用。第 8 章为词的处理，包括中文分词、统计、去停用词、关键词提取以及词向量表示等。第 9 章介绍了词性和语义分析的基础概念和基于第三方服务的应用。第 10 章介绍了文本情感分析的概念，通过两个案例分别演示了两种不同的文本情感分析方法。第 11 章简单介绍了基于百度翻译的机器翻译应用。第 12 章通过介绍 Web Scraper，帮助学习者快速高效地爬取数据。

本书是"广东外语外贸大学 2018 年度校级教材建设项目——大学计算机基础（人

工智能方向）系列教材"之一，是广东外语外贸大学 2020 年校级"质量工程"立项项目线上线下混合课程"自然语言处理"的成果，也是教育部高等学校大学计算机课程教学指导委员会面向赋能教育的大学计算机课程建设与教学改革项目"面向新文科建设融合学科需求的计算机基础课程分级分类教学改革"（广东外语外贸大学和暨南大学联合课题）的成果。本书主编为陈仕鸿、李宇耀、马朝辉，副主编为黄宏涛、黄秀茵、黎记果，所有编者均为长期在教学一线，在教学和教材编写方面有丰富经验的教师。其中第 1 章和第 10 章由李宇耀编写；第 2 章至第 7 章由黄宏涛、李穗丰、马朝辉编写；第 8 章至第 12 章由陈仕鸿、黄秀茵、黎记果编写。全书由陈仕鸿、李宇耀和黄秀茵进行统稿与校对。黄卫祖教授（暨南大学）、刘小丽博士（暨南大学）及王常吉教授（广东外语外贸大学）心系编写过程并提出了诸多优化建议。在此向所有参与本书编撰的同事及帮助和指导过我们工作的朋友们表示衷心的感谢！本书在编写过程中参阅了许多优秀的书籍和在线资料，在此一并表示感谢！

由于计算机技术发展迅速，加之编者水平有限，书中难免会有不妥之处，恳请读者批评指正！

编　者

2021 年 10 月

广州市白云山下

目 录

第1章 自然语言处理概述 ·· 1
  1.1 自然语言与形式语言 ··· 1
  1.2 自然语言处理 ··· 4
  1.3 自然语言处理技术 ·· 10
第2章 Python 基础知识 ··· 14
  2.1 Python 概述 ·· 14
  2.2 基础数据类型 ··· 28
  2.3 常量与变量 ·· 33
  2.4 运算符与表达式 ··· 35
  2.5 常用 Python 内置函数 ··· 39
  思考与练习 ·· 46
第3章 程序流程控制结构 ·· 47
  3.1 顺序结构 ··· 48
  3.2 分支结构 ··· 49
  3.3 循环结构 ··· 55
  思考与练习 ·· 62
第4章 常用组合数据类型 ·· 63
  4.1 列表 ·· 63
  4.2 元组 ·· 84
  4.3 字典 ·· 90
  4.4 集合 ·· 96
  思考与练习 ·· 103
第5章 函数与模块 ·· 104
  5.1 函数概述 ··· 104
  5.2 函数的定义和调用 ·· 105

5.3　函数的参数 …………………………………………………………… 109
　　5.4　变量的作用域 ………………………………………………………… 113
　　5.5　函数的递归调用 ……………………………………………………… 115
　　5.6　模块 …………………………………………………………………… 118
　　思考与练习 …………………………………………………………………… 130

第 6 章　面向对象程序设计 …………………………………………………… 132
　　6.1　面向对象概述 ………………………………………………………… 132
　　6.2　类的定义与使用 ……………………………………………………… 134
　　6.3　继承 …………………………………………………………………… 141
　　6.4　多态 …………………………………………………………………… 149
　　6.5　特殊变量、方法与运算符重载 ……………………………………… 151
　　思考与练习 …………………………………………………………………… 155

第 7 章　文件相关操作 ………………………………………………………… 156
　　7.1　文件的类型 …………………………………………………………… 156
　　7.2　文本文件和二进制文件的操作方法 ………………………………… 157
　　7.3　CSV 和 JSON 文件的操作方法 ……………………………………… 162
　　思考与练习 …………………………………………………………………… 170

第 8 章　词 ……………………………………………………………………… 171
　　8.1　中文分词的关键问题 ………………………………………………… 171
　　8.2　利用结巴分词实践 …………………………………………………… 173
　　8.3　词频统计 ……………………………………………………………… 176
　　8.4　去停用词 ……………………………………………………………… 178
　　8.5　关键词提取 …………………………………………………………… 180
　　8.6　词的向量表示 ………………………………………………………… 182
　　思考与练习 …………………………………………………………………… 186

第 9 章　从词性到语义分析 …………………………………………………… 188
　　9.1　语义分析的基本理论 ………………………………………………… 188
　　9.2　基于 Stanford CoreNLP 平台的应用 ………………………………… 194
　　9.3　基于 BosonNLP 的应用 ……………………………………………… 207
　　9.4　小结 …………………………………………………………………… 212
　　思考与练习 …………………………………………………………………… 212

第 10 章　文本情感分析 ……………………………………………………… 213
　　10.1　文本情感分类 ………………………………………………………… 214
　　10.2　文本情感分析基本流程 …………………………………………… 220

思考与练习 ·· 231
第 11 章　机器翻译应用 ·· 232
　11.1　机器翻译 ·· 232
　11.2　基于百度翻译 API 的机器翻译应用 ·· 234
　　思考与练习 ·· 235
第 12 章　Web Scraper 数据爬取 ··· 236
　12.1　Web Scraper 插件安装 ·· 236
　12.2　爬取单个元素 ·· 237
　12.3　结构体选择器 Elements ··· 240
　12.4　链接数据的爬取 ·· 243
　12.5　大批量页面的数据爬取 ·· 246
　　思考与练习 ·· 247

第 1 章 自然语言处理概述

1.1 自然语言与形式语言

语言即传递信息的声音和文字,是人类最重要的交际工具,是人们进行沟通的主要表达方式。语言作为人们交流思想的媒介,必然会对政治、经济和社会、科技乃至文化本身产生影响。语言这种文化现象是不断发展的,其现今的空间分布也是过去发展的结果。根据其语音、语法和词汇等方面特征的共同之处与起源关系,把世界上的语言分成语系。每个语系包含数量不等的语种,这些语系与语种在地域上都有一定的分布区,很多文化特征都与此有密切的关系。

自然语言(natural language)是相对于形式语言(formal language)而言的。自然语言就是人类作为交流工具的语言。自然语言不是人为设计(虽然有人试图强加一些规则)而是自然进化的。形式语言是为了特定应用而人为设计的语言,例如数学家用的数字和运算符号、化学家用的分子式;编程语言也是一种形式语言,是专门设计用来表达计算机计算过程的形式语言。

1.1.1 自然语言

自然语言通常是指那些自然地随文化演化的语言,如汉语、英语、西班牙语、德语等语种,都是自然语言的例子;人类可在其生活环境中自然习得这些语言,并将其作为思维和交流的工具。

人们在很早以前就意识到自然语言在交流中的作用以及语言跟随文化演变特点,因此,人们很早就开始对语言开展各种研究。比如,《说文解字》将汉字的构成和使用方式归纳成六种模式("六书"),分别为"象形""指事""会意""转注""假借""形声"。该书在汉字的发展研究上有着继往开来的重要意义,确立了汉字研究的民族风格和特色。历代都有许多学者对《说文解字》进行研究,《说文解字》研究与音韵、训诂等研究是汉语语言学的重要组成部分。象形字典网站 http://www.vividict.com 是根据《说文解字》等对汉字字形及语义进行研究的一个较为著名的网站。

随着语言符号理论的提出,瑞士语言学家费尔迪南·德·索绪尔①(Ferdinand de Saussure)推开了现代语言学的大门。现代语言学将语言视为一个符号系统,包含了以下两个核心理念。

1. 语言和言语

索绪尔把言语活动分成"语言"(langue)和"言语"(parole)两部分。语言是言语活动中的社会部分,它不受个人意志的支配,是社会成员共有的,是一种社会心理现象。言语是言语活动中受个人意志支配的部分,它带有个人发音、用词、造句的特点。但是不管个人的特点如何不同,同一社团中的个人都可以相互沟通,这是因为有语言的统一作用。索绪尔进而指出,语言有内部要素和外部要素,因此语言研究又可以分为内部语言学和外部语言学。内部语言学研究语言本身的结构系统,外部语言学研究语言与民族、文化、地理、历史等方面的关系。索绪尔对语言和言语的区分,以及语言内部和外部要素的区分,厘清了语言研究的对象,即首先是研究语言的系统(内部要素),且以社会群体共有的、同质性内容为主要研究内容。

2. 语言的能指和所指

语言作为一种符号系统,由"能指"(signifier)和"所指"(signified)两部分组成。能指是文字信息或声音的心理印迹(声音形象),所指就是概念或意义。这样,索绪尔将语言符号(能指)和语言所要表达的意义(所指)剥离,并认为"就……语言系统的研究来说,只研究形式,不研究实质,'语言是形式,不是实质'"。这种将外在符号和内在意义剥离,从而事实上将形式与实质并重,甚至认为形式的重要性高于实质的理念,也成为现代结构主义的重要理论来源。

索绪尔的语言符号理论,以语言符号的组合关系和聚合关系为核心,成为后续有广泛影响的结构主义语言学、转换—生成语言学、系统—功能语言学等学派的理论和方法的重要理论基础之一。但是,索绪尔符号学关注的重点在语言本身,即语言符号内部概念与音声形象之间的关系,而忽略了概念与客观事物的深层关系。

语言学十分关注语言与感知、物理世界的关系,研究词语的来源,以及语言结构中的心理过程、概念方式和过程等。1923 年,英国学者奥格登(Ogden)和理查兹(Richards)合著的语义学重要著作《意义的意义》(*The Meaning of Meaning*)中提出

---

① 索绪尔. 普通语言学教程 [M]. 高名凯,译. 北京:商务印书馆,1980.

了"语义三角论"的概念，如图1-1所示。

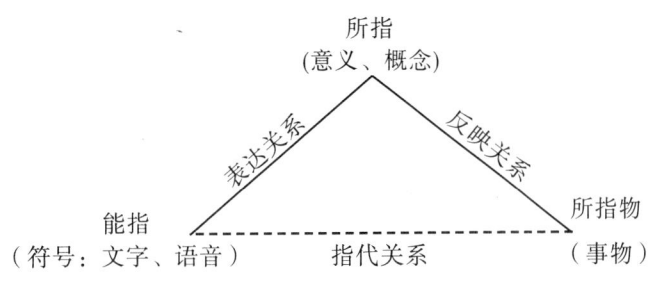

图1-1 语义三角论图示

语义三角论是一种全新的意义模式，也称为意义三角论。该理论是指符号、概念和客观事物之间处于一种相互制约、相互作用的关系之中。它强调语言符号是对事物的指代，指称过程就是符号、意义和事物发生关系的过程。

语义三角论包含以下几点含义：

（1）概念（concept）和客观事物（referent/thing）之间是直接的联系。概念是在客观事物的基础上概括而成的，是客观事物在头脑中的反映。二者用直线连接，表示a concept refers to a thing，即概念反映客观事物。

（2）概念与符号/词（symbol/word）之间也有直接联系。概念是通过符号表达出来的，二者用实线连接，表示a word symbolize a concept，即词表示概念。

（3）符号/词与指称物/事物（referent/thing）之间没有直接的、必然的联系，二者之间具有任意性，是约定俗成的。虚线表示a word stands for a referent，即词代表指称物。

语义三角论的提出是人类语言学史上的一个重要突破，它使语义研究从语言系统中独立地分离出来，是此后语法学（符号学和结构学）、语义学和语境学（也称为语用学）三足鼎立局面的一个重要开端。

人们普遍认为，语义三角论是对索绪尔语言本体思想的继承和发展，是坚持语言符号的抽象性及其对概念或思想的表达。在此基础上，这一理论进一步发展并指出符号本身分别与人和客观世界的有机联系。

1.1.2 形式语言

数学、逻辑和计算机科学中，形式语言（formal language）是用精确的数学或机器可处理的公式定义的语言。语言符号理论、密码学实践和计算机技术的初步结合，使得形式语言在20世纪50年代迎来了一次大发展。研究者从破译军事密码中得到启示，简单地认为语言之间的差异只不过是对"同一语义"的不同符号编码而已，从而想当然地采用译码技术解析不同的语言。这就是最早机器翻译理论的思想。

1954年1月7日，美国乔治敦大学和IBM公司首先成功将60多句俄语自动翻译成英语。当时的系统还非常简单，仅包含 6 个语法规则和 250 个词。实验者声称，在三到五年之内就能够完全解决从一种语言到另一种语言的自动翻译问题。

当时普遍认为只要制定好各种翻译规则，通过大量规则的堆砌就能完美地实现语言间的自动翻译。1956 年，美国语言学家乔姆斯基（N. Chomsky）① 从信息论创始人香农（Claude Elwood Shannon）的工作中利用了有限状态马尔科夫过程的思想，首先把有限状态自动机作为一种工具来刻画语言的语法，并且把有限状态语言定义为由有限状态语法生成的语言。这些早期的研究工作产生了"形式语言理论"（Formal Language Theory），为最初的机器翻译工作提供了理论基础。

然而经过近十年的努力，机器翻译并未获得本质性的突破。1966 年，美国科学院语言自动处理咨询委员会（ALPAC）公布了一份题为《语言与机器》的报告，简称 ALPAC 报告。该报告全面否定了机器翻译的可行性，从而终结了自然语言处理的第一个时代——机器翻译时代。

1.2 自然语言处理

虽然机器翻译时代结束了，但却播下了自然语言处理（Natural Language Processing, NLP）这一新兴学科发展的火种。20 世纪 70—80 年代，随着经济发展特别是国际市场机制的全球化，国家之间的语言障碍越来越明显，成为更深层次国际交流的壁垒。传统的人工作业方式已经不能满足需求，这就需要一种自动机器来取代人工作业。同时，计算机硬件技术大幅度提高，使中等规模的语料（百万级）处理成为可能。经过十多年的发展，自然语言处理逐渐作为人工智能的一个独立领域而被发展起来。

人工智能分为两个重要的部分，即"感知智能"和"认知智能"。其中，计算机视觉和语音识别等领域属于"感知智能"，其典型应用包括图像识别、语言识别和手势识别等；而自然语言处理属于"认知智能"，自然语言的理解和自动处理是认知智能最核心的内容。对一个"智能"而言，仅感知当然不够，具备理解和消化内容的认知能力才是真正意义上的人工智能。微软创始人比尔·盖茨曾就自然语言处理与人工智能的关系做了一个清晰的概括："语言理解是人工智能领域皇冠上的明珠"。

---

① 艾弗拉姆·诺姆·乔姆斯基（Avram Noam Chomsky, 1928— ），美国哲学家，其提出的转换生成语法理论在语言学、心理学、哲学、逻辑等多个方面引起普遍的重视。生成转换语法以描写和解释语言能力为目标，提出语法假设和理论来解释其规律，说明其原因，如说明为何儿童能在 2～3 年内学会语言；其研究对象是内在性语言（指人脑对语法结构的认识，以心理形式体现），而不是一般的外表化语言（指言语行为、说出来的话、音义结合的词句等）；其采用数学模拟的方法进行研究，使用数学那样的符号和公式来规定概念、表达规则，所以称为形式化的语法。

1.2.1 图灵测试

第一个明确表述人工智能和自然语言处理关系的人是图灵（Alan Mathison Turing，1912—1954）。1950年10月，图灵发表一篇题为《机器能思考吗》的划时代论文。文中预言了创造出具有真正智能的机器的可能性。由于"智能"这一概念难以被确切定义，他提出了著名的图灵测试：如果一台机器能够与人类展开对话（通过电传设备）而不能被辨别出其机器身份，那么可称这台机器具有智能。图灵测试能够令人信服，说明"思考的机器"是可能的。论文中还回答了对这一假说的各种常见质疑。图灵测试是人工智能哲学方面第一个严肃的提案。正是这篇文章，为图灵赢得了"人工智能之父"的桂冠。1952年，图灵谈到了一个新的具体想法：让计算机来冒充人。如果不足70%的人判对，也就是超过30%的裁判误以为在和自己说话的是人而非计算机，那就算作成功了。

可见，自然语言处理是图灵测试中的核心内容——让机器与人类对话（通过电传设备），并且人类不能辨识其机器身份。那么，自然语言处理的目标是什么？又有哪些难点？

自然语言处理，即实现人机间自然语言通信，这意味着要使计算机既能理解自然语言文本的意义，也能以自然语言文本来表达给定的意图、思想等。要实现这些任务远不如人们原来想象的那么简单，而是十分困难的。造成困难的根本原因是自然语言文本和对话的各个层次上广泛存在的各种各样的歧义性或多义性（ambiguity）。想一想这句话："咬死了猎人的狗"。这是自然语言处理中一个经典的歧义范例。究竟是"[[咬死了猎人]的狗]"，还是"[咬死了][猎人的狗]"呢？如果不依赖于足够的语境知识，人们将很难给出结论。再如，"人生的旅程""生命的终点""花一般的姑娘""花钱如流水"等都使用了隐喻手法。它们的共性是，句子的意义是不能从字面直接得到的。

一个中文文本从形式上看是由汉字（包括标点符号等）组成的一个字符串。由字可组成词，由词可组成词组，由词组可组成句子，进而由一些句子组成段、节、章、篇。无论在上述的各种层次，即字（符）、词、词组、句子、段，还是在下一层次向上一层次转变中都存在着歧义和多义现象。形式上一样的一段字符串，在不同的场景或不同的语境下，可以理解成不同的词串、词组串等，并有不同的意义。一般情况下，大多数问题都是可以根据相应的语境和场景的规定而得到解决的，从总体上看并不存在歧义。这也就是我们平时并不感到自然语言歧义，也能用自然语言进行正确交流的原因。但是一方面，我们看到，消解歧义是需要极其大量的知识并进行推理的。如何将这些知识较完整地加以收集和整理出来，又如何找到合适的形式，将它们存入计算机系统中去，以及如何有效地利用它们来消除歧义，都是工作量极大且十分困难的工作。这不是由少数人在短时期内可以完成的，而是长期的、系统的工作。

以上说的是，一个中文文本或一个汉字（含标点符号等）串可能有多个含义。它是自然语言理解中的主要困难和障碍。反过来，一个相同或相近的意义同样可以用多个中文文本或多个汉字串来表示。

1.2.2 规则派与统计派

20 世纪 80 年代后，经过十多年的发展，自然语言处理逐渐作为人工智能的一个独立领域而发展起来。由于所采用的处理技术的差异，人们将不同的技术处理思路称为两种不同的派别。

一种是以语言学理论为基础，根据语言学家对语言现象的认识，采用规则形式描述或解释歧义行为或歧义特性，称为规则派。规则派的方法通常是基于乔姆斯基的语言理论的。它通过语言所必须遵守的一系列原则来描述语言，以此来判断一个句子是正确的（遵循语言原则）还是错误的（违反语言原则）。规则派首先要对大量的语言现象进行研究，归纳出一系列的语言规则，然后再形成一套复杂的规则集合——语言分析或生成系统，对自然语言进行分析处理。

另一种是以基于语料库的统计分析为基础的经验主义方法，也称为统计派，该方法更注重用数学，从能代表自然语言规律的大规模真实文本中发现知识，抽取语言现象或统计规律。统计派来源于多种数学基础，包括香农的信息论、最优化方法、概率图模型、神经网络、深度学习等。它将语言事件赋予概率，作为其可信度，由此来判断某个语言现象是常见的还是罕见的。统计派的方法则偏重于对语料库中人们实际使用的普通语言现象的统计表述。统计方法是语料库语言学研究的主要内容。

两派曾经一度相执不下，并各有进退。这里先跳出两派之间的孰是孰非，通过一个著名的思想实验，来观察自然语言处理技术。这个实验就是约翰·塞尔著名的"中文屋子"实验。

1.2.3 "中文屋子"实验

一个对中文一窍不通、以英语为母语的人被关闭在一间只有两个通口的封闭屋子里。屋子里有一本用英文写成、从形式上说明中文文字句法和文法组合规则的手册及一大堆中文符号。屋子外的人不断向屋子里递进用中文写成的问题。屋子里的人按照手册的说明，将中文符号组合成对问题的解答，并将答案递出屋子。

约翰·塞尔认为，尽管屋子里的人甚至可以做到以假乱真，让屋子外的人以为他是中文的母语用户，然而，他压根就不懂中文。而在上述过程中，屋子外的人所扮演的角色相当于程序员，屋子里的人相当于计算机，而那本手册则相当于计算机程序。正如屋子里的人不可能通过手册理解中文一样，计算机也不可能通过程序来获得对自然语言（中文）的理解能力。塞尔由此得出结论：图灵测试中机器根本不理解回答的问题，机器根本没有思考，机器也没有智能。

塞尔的中文屋测试本来是针对图灵测试的一个反驳意见，但它所揭示的意义是深刻的。基于语言符号理论,彼时自然语言处理领域的主要任务,是使用机器来解析人类的语言符号,将其转换为机器能够处理的形式和结构,在机器内部按照人们已经设定好的逻辑进行处理,最后将处理的结果再转码为人类理解的形式,传输给人类。这与大多数非智能的计算机程序没有本质的不同。

事实上,这是计算机几十年来一直在采用的模式。即使是操作系统这种高度复杂的软件,也没有任何一段代码能够自主地识别设备、完成请求任务,或者为任务的执行提出合理性或哪怕看起来稍微有点自发的智能行为。所谓"智能"不过是程序人员对程序执行的某种预先的设定,所有看起来"智能"的行为都是在确定性条件下的一条执行路径。

语言符号的"任意性"与计算机技术的确定性,是自然语言处理要面对的难题。想要突破这一点确实是很艰难的。但是,科学家的脚步并没有就此停止。之后人们终于把视野从确定性的问题开始转向随机性问题,在实践上从单纯的指令系统转向研究人类大脑的机制——认知科学。

1.2.4 从机器学习到认知计算

伴随着这些突破的是一系列新方法(算法体系)的出现,它们被统称为"机器学习"。这些方法大多都将统计学和概率论作为其算法核心,在计算单元上采用了神经元和大脑的工作原理的神经网络,模拟人类的认知行为而发展起来。在这些新方法中,程序编制的目的不再仅仅是为了一些确定的行为,更多的是通过对大量数据的处理,去学习或发现数据中包含的某些可以识别的模式——某些特征与另外一些特征之间的概率关联特性,比如,如果文本中"queen"与"woman"或"female"的关联值远高于"queen"与"man"或"male"的关联值,那么机器将学习到"queen"作为"woman"或"female"的概率远高于"man"或"male",从而,当新的需要判断的文本中出现"queen"时,机器将判断该人物性别为"woman"或"female";类似的,在机器视觉中,通过对大量图片中各类特征的学习,当给出一张新的图片时,机器能快速地识别出学习过的特征。应该说,计算机仍然在执行确定性的操作,但由于大数据的出现,以及硬件能力的提升,使得机器在统计角度来说,更加"见多识广",从而表现得更加"聪明"或"智能"了。

在往后的二三十年中,机器学习在处理多维、非线性问题方面取得了精确而稳定的效果。例如,在大规模语料上的中文分词、词性标注问题的解决,使中文信息检索和文本挖掘成为可能。如前所述,由于大多数的机器学习方法都以统计学为基础,毫无疑问,在这个时期,统计派占了上风。

2006年,以杰弗里·希尔顿(Geoffrey E. Hinton)为首的几位科学家历经近20年的努力,终于成功设计出第一个多层神经网络算法,因其通过多层架构实现了抽象认知的学习能力,希尔顿将其命名为"深度学习"——深度学习是一种特征学习方法，把原始数据通过一些简单的非线性的模型转变成为更高层次的、更加抽象的表达。通过多次转换组合，复杂的函数也可以学习和掌握。

在多年的探索中，人们找到了认知的两个重要机制：抽象和迭代。从原始信号开始做低层的抽象，逐渐向高层抽象迭代，在迭代中抽象出更高层的模式。这是认知的生物学原理。目前来看，深度学习在解决机器视觉和语音识别方面都取得了非常好的效果，相关的技术都已经商业化。所以，研究者普遍相信，通过深度学习理论及算法，人类或许开始找到了如何处理"抽象概念"这个亘古难题的方法。

作为认知计算的重要起点，深度学习的递归神经网络在自然语言处理方面同样获得了成功。虽然它在中文领域离商业化还有距离，但是距离应该不会太远了。

1.2.5 机读语料库

机读语料库（简称"语料库"）是自然语言处理的基础。一方面，没有语料库，算法不能单独解析语言。另一方面，语料库的质量、规模等特征都对解析的结果产生很重要的影响。关于语料库的三个基本认识：语料库中存放的是在语言的实际使用中真实出现过的语言材料；语料库是以电子计算机为载体承载语言知识的基础资源；真实语料需要经过加工（分析和处理），才能成为有用的资源。按照语料是否经过加工，可分为生语料库和熟语料库。生语料库是指收集之后未加工的语料库，相对而言，熟语料库就是经过加工的。所谓的加工，是指分词（英文词形还原）、词性标注等操作。而根据语料库的内容，又可分为语法语料库和语义知识库。

（1）语法语料库。作为自然语言的基础资源，用于学习和训练 NLP 模型，如训练分词、命名实体、词性标注、句法解析、语义组块等基础 NLP 任务的语料库。这些语料库多数都来自影响面较大的大众媒体、书籍文献等语料，具有广泛性和代表性；语料的选择都经过精挑细选，构成上要求具有典型性，能够涵盖绝大多数的语言现象。例如，分词语料需要包含足够多的高频、常用词汇；句法树库必须涵盖绝大多数的汉语句型；等等。语法语料库开发出的熟语料会作为基础语言资源，最终训练成语言模型，因此对标注精度要求高。

（2）语义知识料库。语义知识库包括两大类：第一类是早期手工建立的语义知识库，如 HowNet、WordNet 语义知识库。这类知识库依赖于手工标注，因此容量都不大。HowNet 包含 1 500 多个义原、10 多万个常用词汇。董振东先生历时十年才开发完成。这类知识库在自然语言处理中可用于提供词汇的论元角色、上下位关系、语义消歧和相似度计算等。由于词汇量不大，其在实践中的应用范围也很有限。第二类是近些年逐渐流行起来的百科知识库，或称知识图谱。由于 Google 的 Word 2Vec 算法的成功，人们通过算法可以直接训练出词汇间的语义相似度。Word 2Vec 的训练过程不依赖于手工标注，语义相似度正确率很高，开创了大规模非监督语义计算的先河。因此，百科知识库的建设目标是为 NLP 语义计算提供大规模、全覆盖的语义知识资源，有条件地兼顾推理运算的支持。与语法语料库相比，一般百科知识库的容量都比较大，容量最小的中文维基百科也有 30 GB。

（3）语料库发展简述。世界上最早的语料库是 1961 年以弗朗西斯（N. Francis）和库塞拉（H. Kucera）为首的一批语言学家和计算机专家汇集在美国布朗大学，合作建成的世界上最早的机读语料库，即布朗语料库（Brown Corpus）。布朗语料库包含各种不同的文体，根据抽样调查决定了一个他们认为英文平衡语料库应有的分布，再根据此分布收集了共计 100 多万个词的语料，并加上词性标注，由人工输入计算机。所以，布朗语料库确定了语料库的两个最早的特征：一个是使用计算机存储，并可以机读；另一个是为使语料具备代表性，语料的选择服从某种分布。这是语料库建设的最初特征，它们一直伴随着语料库的建设并发展完善起来。

此后，同类的语料库逐渐发展起来。20 世纪 80 年代，以朗文语料库（Longman Corpus）为代表的语料库逐步实现商用，这使得语料库的建设走出学术界而进入商业市场，使中型语料库焕发了新的生命力。比起最早的布朗语料库，朗文语料库的规模显著扩大了，达到 5 000 万词级。朗文语料库由三个大的语料库组成，分别为朗文/兰开斯特英语语料库（LLELC）、朗文口语语料库（LSC）、朗文英语学习者语料库（LCLE），其建设的主要目标之一是编纂英语学习词典，为外国人学习英语提供服务。

1992 年，美国宾夕法尼亚大学语言资源联盟（Linguistic Data Consortium，LDC）宣布成立。这是第二代语料库的标志性事件。它的目的是构建、收集和发布用于研发的语音和文本数据库、词典及其他资源。该联盟提供了一种可供大规模发展和普遍的共享用于语言工程技术研究的资源的新机制，已经拥有超过 100 家公司、大学和政府机构会员单位。在众多的语言学资源中，一个著名成果就是主持开发了宾州树库（UPenn Tree Bank，PTB）。该项目由宾夕法尼亚大学计算机系马库斯（M. Marcus）主持，到 1993 年完成了近 300 万个词的英语句子的句法结构标注。

2000 年，由语言数据联盟发行了 UPenn 的中文树库（CTB 1.0），最初规模较小，仅包含 10 万个词，4 185 句，到目前的 8.0 版，已经发展为 7 万多句，包含 100 万个词的大型汉语树库，成为早期研究汉语句法识别的最重要资源。

20 世纪 90 年代之后发展起来的，规模较大、代表性较强、质量较高、语料开放较为有名的汉语标注语料库有如下两个。

一是国家现代汉语语料库（http://www.zhonghuayuwen.org/yyzy.aspx）。该语料库是国家语委主持建立的一个现代汉语书面语通用平衡样本语料库，它于 1993 年开始建设。该语料库的第一批语料数据是 1919—1992 年的语料，共 7 000 万字，以后每年递增 1 000 万字，是目前最大的现代汉语平衡语料库。该语料库以语言文字的信息处理、语言文字规范和标准的制定、语言文字的学术研究、语文教育和语言文字的社会应用为主要服务对象。

二是 PFR 语料库。由北京大学计算语言学研究所与富士通公司（Fujitsu）合作，以 2 700 万字的 1998 年《人民日报》为源语料，手工加工、标注建立的语料库。其加工项目包括词语切分、词性标注、专有名词（专有名词短语）标注（示例），并制定出《现代汉语语料库加工手册——词语切分与词性标注》。

另外，由于互联网的发展，大规模、超大规模的网页资源成为具有代表性的汉语生语料库的数据来源。其中，最为著名的是搜狗互联网语料库（SogouT）。该语料库来源于互联网各种类型的 1.3 亿个原始网页，压缩前的大小超过了 5 TB。目前的版本是 2008 版，所有语料都可免费下载。

随着 2012 年 Google 提出知识图谱概念之后，知识图谱迅速整合了原有的语义知识库，并得到了快速的发展。一般可开放获取的知识图谱包括以下几个著名的资源，见表 1-1。

表 1-1 开放知识图谱列表

知识图谱	简介及入口
WikiData	包含所有维基数据实体列表 入口：https://www.wikidata.org/wiki/Wikidata:Database_download/zh
Freebase	类似维基百科，不同的是 freebase 为结构化数据 入口：https://developers.google.com/freebase/
Dbpedia	从维基百科的词条里撷取出结构化的资料，并将其他资料集联结至维基百科。DBpedia 同时也是世界上最大的多领域知识本体之一 入口：https://wiki.dbpedia.org/
OpenKG.CN	开放的中文知识图谱 入口：http://openkg.cn/
大词林	哈工大知识图谱（事理图谱） 入口：http://www.bigcilin.com

1.3 自然语言处理技术

传统上，自然语言处理首先要对字、词进行处理，如中文分词，英文中虽然没有分词问题，但需要词形还原，如将动词过去式、过去分词还原为动词原形，还有，进行词性标注等。普林斯顿大学乔治·A.米勒团队的 WordNet 是这个时期的重要成果。经过多年的发展，现代自然语言处理的主要任务已经跨越对词的研究，发展到了对句子的研究，即句法、句义及句子生成的研究，已经能够比较好地解决句子层面的问题，但还未达到完全解决篇章层面的问题。目前，计算机处理自然语言系统尚不足以达到较为自由地进行人机交互的程度。

在语言符号理论的引领下，在统计学和概率论的帮助下，自然语言处理技术在一定程度上取得了突破性进展，当前仍未解决的主要是语义方面的诸多问题。在过去几十年的研究中，已经产生了许多专业技术，每一项都作用于语言理解的不同层面和不同任务。例如，这些技术包括完全句法分析、浅层句法分析、信息抽取、词义消歧、潜在语义分析、文本蕴含和指代消解。但这些技术都不能完美或完全地译解出语言的本义。

与形式语言（如程序语言）不同，人类语言不完全遵照严谨的语法结构，且包含大量高度语境化和隐喻化的特质，人类自身对于特定语言表达的本义往往也会有不同的理解。人们对于文本的理解，很大程度上受到主题、作者及时间等相关背景知识的影响。比如，这个经典歧义范例："咬死了猎人的狗。"其歧义在于，究竟是"[[咬死了猎人]的狗]"，还是"[咬死了][猎人的狗]"呢？如果不依赖于足够的语境知识，人们将很难给出结论。再如，"人生的旅程""生命的终点""花一般的姑娘""花钱如流水"等都使用了隐喻手法，它们的共性是，句子的意义是不能从字面的意义直接得到的。

在语法解析层面，大规模高精度的中文分词、词性标注系统已经基本达到商用要求，但在句法解析方面还存在精度问题。

在语义解析层面，命名实体识别、语义块等均已经获得了较高的精度。人工智能对知识库的研究历史悠久，已经形成一整套的知识库的架构和推理体系。实现句子到知识库的主要方法是语义角色标注系统，但在整句的理解层面，语义角色标注系统的精度严重依赖于句法解析系统，这使该系统离商用还有一段距离。

在应用层面，自然语言处理发展的短短几十年来，取得了很大的发展。一些系统成功地用于搜索引擎、文本挖掘（文本分类、文本聚类等）、舆情分析、推荐系统等领域。

这里以较为成熟的自然语言模块和系统提出一个粗略的技术框架，如图 1-2 所示。

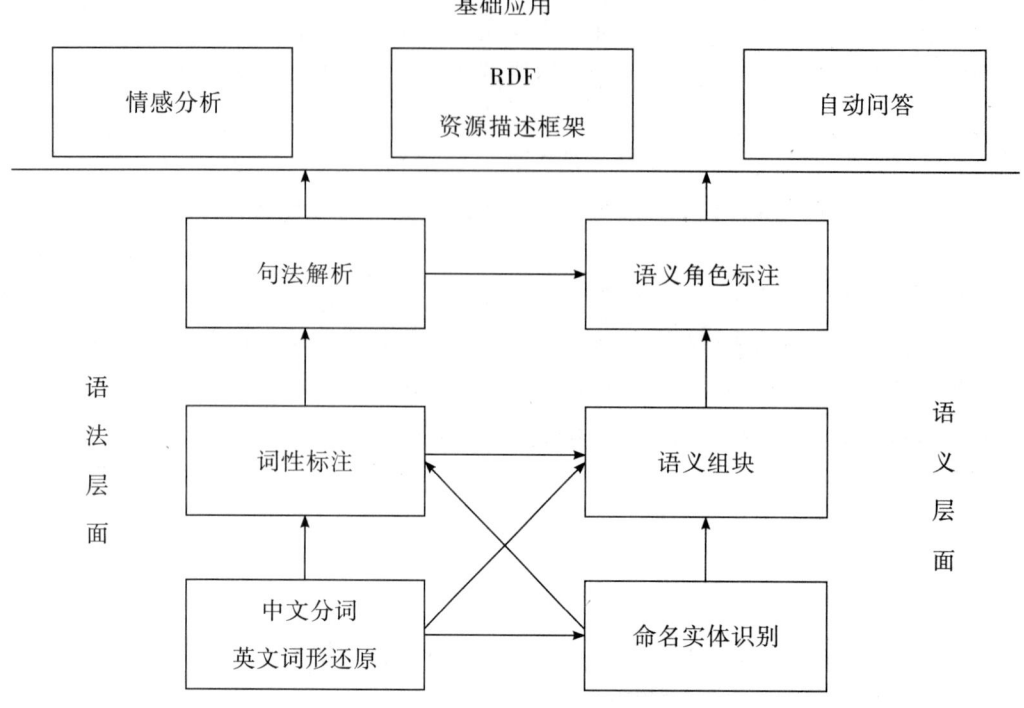

图 1-2 自然语言处理一般技术框架

图 1-2 中，左侧是语法层面的模块，包括中文分词（或英文词形还原）、词性标注及句法解析。右侧则偏重于语义层面，命名实体识别主要用来识别语料中专有名词和未登录词的成词情况，如人名、地名、组织机构名称等，也包括一些特别的专名。该图中来自左侧的箭头表示命名实体识别受到中文分词和词性标注的影响。换句话说，准确的命名实体识别是以准确的分词和词性标注为前提的。

语义组块用来确定一个以上的词汇构成的短语结构，即短语级别的标注，主要识别名词性短语、动词性短语、介词短语等，以及其他类型的短语结构。语义组块的自动识别来源于中文分词、词性标注和命名实体识别的共同信息，也就是说，语义组块的识别特征必须包含中文分词、命名实体识别和词性标注等三部分结果。

语义角色标注是以句子中的谓语动词为中心预测出句子中各个语法成分的语义特征，是句子解析的最后一个环节，也是句子级别语义研究的重要里程碑。语义组块、语义角色标注等分析结果，可以通过机器学习方法转换为知识库中的 RDF 形式，并直接用于自动问答系统。上述框架中，语义角色标注直接受到句法解析和语义组块的影响。从中文分词阶段到语义角色标注阶段大约经历了分词、词性标注、命名实体识别、语义组块、句法分析等 4~5 个依次串联的模块。这导致语义角色标注的精度显著降低。基于上述架构的语义角色标注系统尚未达到商业应用的标准。

近些年，有不少机构陆续发布了 NLP 相关的开源系统，其中，比较成熟且已全部或部分用于商用的 NLP 全系列处理框架如表 1-2 所示。

表 1-2　中文 NLP 全系列处理框架列表

名称	简介及资源入口	开发语言
哈工大语言技术平台（LTP）	中文分词、词性标注、未登录词识别、句法分析、语义角色标注等 入口：http://ltp.ai/	C++
斯坦福中文 NLP（Stanford NLP）	中文分词、词性标注、未登录词识别、句法分析等 入口：https://nlp.stanford.edu/software/index.shtml	Java
复旦大学 NLP（Fudan NLP）	中文分词、句法分析、实体名识别、关键词抽取等 入口：https://github.com/FudanNLP/fnlp	Java
HanLP	中文分词、词性标注、命名实体识别、依存句法分析、新词发现、关键词短语提取、自动摘要 入口：http://hanlp.com/	Java

作为中文 NLP 处理入口的中文分词，也有几个较为成熟的解决方案，见表 1-3。

表 1-3　常用中文分词模块

名称	简介及资源入口	开发语言
NLPIR-ICTCLAS汉语分词系统	国内第一个中文分词解决方案 入口：http://ictclas.nlpir.org/index.html	C++
Ansj 中文分词	一个基于 n-Gram+CRF+HMM 的中文分词的 Java 实现 入口：https://github.com/NLPchina/ansj_seg	Java
结巴分词	入口：https://github.com/fxsjy/jieba	Python

第 2 章
Python 基础知识

自从世界上第一台电子计算机 ENIAC 于 1946 年问世以来，伴随着计算机硬件的不断更新换代，计算机程序设计语言也有了很大的发展，在过去的几十年间，大量的程序设计语言被发明、被取代、被修改或组合在一起，在这个过程中，一共产生了两百多种不同的语言，而 Python 就是其中的佼佼者。

本章将介绍 Python 的一些基础知识，主要包括 Python 编程过程中涉及的一些基本概念及知识。

2.1 Python 概述

本小节将介绍 Python 的发展历史与特点，下载、安装和使用 Python，以及下载、安装和使用集成开发环境 Anaconda3。

2.1.1 Python 语言的发展历程

Python 是一门跨平台、开源、免费的解释型高级动态编程语言。最初是设计用于编写自动化脚本（shell），随着版本的不断更新和语言新功能的添加，越来越多被用于独立的、大型项目的开发。

Python 的发明者是荷兰人吉多·范罗苏姆（Guido van Rossum）。1982 年，吉多·范罗苏姆从阿姆斯特丹大学获得了数学和计算机硕士学位，并于同年加入 CWI（Centrum Wiskunde & Informatica，荷兰数学和计算机科学研究院）。

1989 年圣诞假期期间，吉多·范罗苏姆决心开发一个新的脚本解释程序，作为 ABC 语言的一种继承（ABC 语言是由吉多·范罗苏姆参与设计，专门为非专业程序员设计的教学语言，但由于各种原因，ABC 的推广并不成功）。吉多·范罗苏姆综合了 ABC 语言的优点，并且结合 Unix shell 和 C 的习惯，创造出一种新的语言——Python。之所以选中 Python（大蟒蛇）作为该编程语言的名字，是因为吉多·范罗苏姆是 Monty Python 喜剧团体的爱好者之一。

1991 年，第一个 Python 编译器/解释器诞生，它是用 C 语言实现的，并能够调用 C 语言的库文件。从一出生，Python 就具有类（class）、函数（function）、异常处理（exception），包含列表（list）、字典（dictionary）在内的核心数据类型，以及以模块为基础的扩展系统。

最初的 Python 完全由吉多·范罗苏姆本人开发。随着 Python 得到同事的欢迎，他们迅速地反馈使用意见，并参与到 Python 的改进工作中。吉多·范罗苏姆和他的部分同事构成了 Python 的核心开发团队。Python 将许多机器层面上的细节隐藏，交给编译器处理，Python 程序员可以专注于思考程序的逻辑，而不是具体的实现细节。这一特征使得 Python 开始流行，尤其是在非计算机专业领域得到了广泛的关注。

Python 的开发者来自不同领域，他们将不同领域的优点带给 Python。例如 Python 标准库中的正则表达式参考 Perl，而 lambda、map、filter、reduce 等函数参考了 Lisp。Python 本身的一些功能以及大部分的标准库来自于社区。Python 的社区不断扩大，进而拥有了自己的 newsgroup、网站以及基金。从 Python 2.0 开始，Python 也从 maillist 的开发方式，转为完全开源的开发方式。社区气氛已经形成，工作被整个社区分担，Python 也获得了更加高速的发展。

到了今天，Python 的框架已经确立。Python 语言以对象为核心组织代码，支持多种编程范式，采用动态类型，自动进行内存回收。Python 支持解释运行，并能调用 C 库进行拓展。Python 既具有强大的标准库，也拥有丰富的第三方扩展包。

Python 已经成为非常受欢迎的程序设计语言之一。Python 被 TIOBE 编程语言排行榜评为 2010 年和 2018 年的年度最佳编程语言。在 2020 年 4 月的编程语言指数排行榜（如图 2-1 所示）中，Python 位居第三位。

Apr 2020	Apr 2019	Change	Programming Language	Ratings	Change
1	1		Java	16.73%	+1.69%
2	2		C	16.72%	+2.64%
3	4	∧	Python	9.31%	+1.15%
4	3	∨	C++	6.78%	-2.06%
5	6	∧	C#	4.74%	+1.23%
6	5	∨	Visual Basic	4.72%	-1.07%
7	7		JavaScript	2.38%	-0.12%
8	9	∧	PHP	2.37%	+0.13%
9	8	∨	SQL	2.17%	-0.10%
10	16	⋀	R	1.54%	+0.35%
11	19	⋀	Swift	1.52%	+0.54%
12	18	⋀	Go	1.36%	+0.35%
13	13		Ruby	1.25%	-0.02%
14	10	⋁	Assembly language	1.16%	-0.55%
15	22	⋀	PL/SQL	1.05%	+0.26%
16	14	∨	Perl	0.97%	-0.30%
17	11	⋁	Objective-C	0.94%	-0.57%
18	12	⋁	MATLAB	0.93%	-0.36%
19	17	∨	Classic Visual Basic	0.83%	-0.23%
20	27	⋀	Scratch	0.77%	+0.28%

图 2-1　2020 年 4 月编程语言排行榜（TOP 20）

2.1.2　Python 的特点

Python 主要具有以下特点。

1. 简单易学

Python 遵循"简单、优雅、明确"的设计哲学。Python 语法简洁、清晰，摒弃了 C 语言中非常复杂的指针，结构简单，有相对较少的关键字和一个明确定义的语法，简单易学。一个结构良好的 Python 程序类似用普通的英语描述一件事情的逻辑。Python 最大的优点是具有伪代码的本质，它使我们在开发 Python 程序时，专注的是解决问题，而不是搞明白语言本身。

2. 面向对象

Python 既支持面向过程编程，也支持面向对象编程。在面向过程的语言中，程序是由过程或仅是由可重用代码的函数构建起来的。在面向对象的语言中，程序是由表示数据的属性和表示特定功能的方法组合而成的对象构建起来的。与其他主要的语言如 C++ 和 Java 相比，Python 以一种非常强大又简单的方式实现面向对象编程。

3. 解释型语言

Python 是一种解释型语言，可以在程序开发期节省相当多的时间，因为它不需要编译和链接。Python 解释器可以交互地使用，使得用户很容易体验 Python 语言的特性，以便于编写发布程序，或者进行自下而上的开发。

4. 跨平台

Python 具有良好的跨平台特性，可以运行于 Windows、Unix、Linux、Android 等大部分操作系统平台。Python 是一种解释性语言，开发工具首先将 Python 编写的源代码转换成为字节码的中间形式，运行时，解释器再将字节码翻译成适合于特定环境的机器语言并运行。这使得 Python 程序更加易于移植。

5. 免费和开源

Python 是 FLOSS（Free/Libre and Open Source Software 自由/开放源代码软件）之一。Python 遵循 GPL（GNU General Public License）协议，用户可以自由地发布这个软件的拷贝，阅读它的源代码，对它做改动，把它的一部分用于新的自由软件中。在开源社区中有许多优秀的专业人士来维护、更新、改进 Python 语言。这也是 Python 如此优秀的原因之一。

6. 可扩展性

Python 具有良好的可扩展性。Python 可以调用使用 C 语言、C++ 等语言编写的程序，可以调用 R 语言中的对象以利用其专业的数据分析能力。如果需要一段关键代码运行得更快或者希望某些算法不公开，就可以把部分程序用 C 语言或 C++ 语言编写，然后在 Python 程序中调用它们。

7. 丰富的库资源

Python 具有丰富的标准库，这些库涵盖了文件 I/O、GUI、网络编程、数据库访问等大部分应用场景。除了内置的标准库外，Python 还有大量的第三方库，因此，可以快速构建相关应用程序。

任何编程语言都有缺点，Python 也不例外。Python 的缺点主要有以下方面：

（1）运行速度慢。

Python 是解释型语言，其代码在执行时会逐行翻译成 CPU 能理解的机器码，这个翻译过程非常耗时，所以较慢，而 C 程序是运行前直接编译成 CPU 能执行的机器码，所以非常快。Python 程序的运行速度相比 C 语言确实慢很多，跟 Java 相比也要慢一些。其实这里所指的运行速度慢在大多数情况下用户是无法直接感知到的。在大多数情况下，Python 已经完全可以满足用户对程序速度的要求，除非要写对速度要求极高的程序，如搜索引擎等，这种情况下，当然还是建议用 C 程序去实现。

（2）源代码不能加密。

Python 是解释型语言，其源代码是以明文方式存放的。不像编译型语言的源程序会被编译成目标程序，Python 直接运行源程序，因此对源代码加密比较困难。

2.1.3 Python 的下载、安装与使用

1. Python 2.x 和 Python 3.x

众所周知，Python 官方网站同时发行 Python 2.x 和 Python 3.x 两个不同系列的版本，并且相互之间不兼容。除了输入输出方式有所不同，许多内置函数的实现和使用方式也有较大的区别，Python 3.x 在增加了许多新标准库的同时，也对 Python 2.x 的标准库进行了一定程度的重新拆分和整合。

Python 2.x 是 Python 的早期版本，2010 年中推出的 Python 2.7 被确定为最后一个 Python 2.x 版本。从 2020 年元旦开始，Python 软件基金会不再为 Python 2.x 提供任何支持。

Python 3.x 是现在和未来主流的版本，相对于 Python 的早期版本，Python 3.0 在设计的时候没有考虑向下兼容，许多早期 Python 版本设计的程序都无法在 Python 3.0 上正常执行。总体来看，Python 3.x 的设计理念更加合理、高效和人性化，全面普及和应用是必然的，越来越多的扩展库也以非常快的速度推出了与最新 Python 版本相适应的版本。

2. 下载 Python 的安装程序

Python 最新源代码、二进制文档、新闻信息等可以在 Python 官方网站查到。根据所使用的操作系统，选择适合不同操作系统、不同版本的安装文件。Python 当前最新版本是 Python 3.8.2。

下载运行在 64 位 Windows 平台 Python 3.7.6 的步骤如下：

①打开 Python 官方网站，选择下载栏目，单击相应版本下载链接，如图 2-2 所示。

②在下载文件列表中，选择适合 64 位 windows 系统的可执行安装程序，如图 2-3 所示。点击链接，即可下载相应安装程序。

图 2－2　Python 下载页面

Files

Version	Operating System	Description	MD5 Sum	File Size	GPG
Gzipped source tarball	Source release		3ef90f064506dd85b4b4ab87a7a83d44	23148187	SIG
XZ compressed source tarball	Source release		c08fbee72ad5c2c95b0f4e44bf6fd72c	17246360	SIG
macOS 64-bit/32-bit installer	Mac OS X	for Mac OS X 10.6 and later	0dfc4cdd9404cf0f5274d063eca4ea71	35057307	SIG
macOS 64-bit installer	Mac OS X	for OS X 10.9 and later	57915a926caa15f03ddd638ce714dd3b	28235421	SIG
Windows help file	Windows		8b915434050b29f9124eb93e3e97605b	8158109	SIG
Windows x86-64 embeddable zip file	Windows	for AMD64/EM64T/x64	5f84f4f62a28d3003679dc693328f8fd	7503251	SIG
Windows x86-64 executable installer	Windows	for AMD64/EM64T/x64	cc31a9a497a4ec8a5190edecc5cdd303	26802312	SIG
Windows x86-64 web-based installer	Windows	for AMD64/EM64T/x64	f9c11893329743d77801a7f49612ed87	1363000	SIG
Windows x86 embeddable zip file	Windows		accb8a137871ec632f581943c39cb566	6747070	SIG
Windows x86 executable installer	Windows		9e73a1b27bb894f87fdce430ef88b3d5	25792544	SIG
Windows x86 web-based installer	Windows		c7f474381b7a8b90b6f07116d4d725f0	1324840	SIG

图 2－3　选择下载的文件

3. 安装 Python

下面以在 64 位 Windows 10 操作系统上安装 Python 3. 7. 6 版本为例，简要介绍 Python 开发环境的安装过程，步骤如下：

（1）双击安装程序 python－3. 7. 6－amd64. exe，运行安装程序。在出现的安装界面（如图 2－4 所示）中，确定选中 “Add Python 3. 7 to PATH” 复选框。然后单击 “Customize installation”，选择自定义安装。

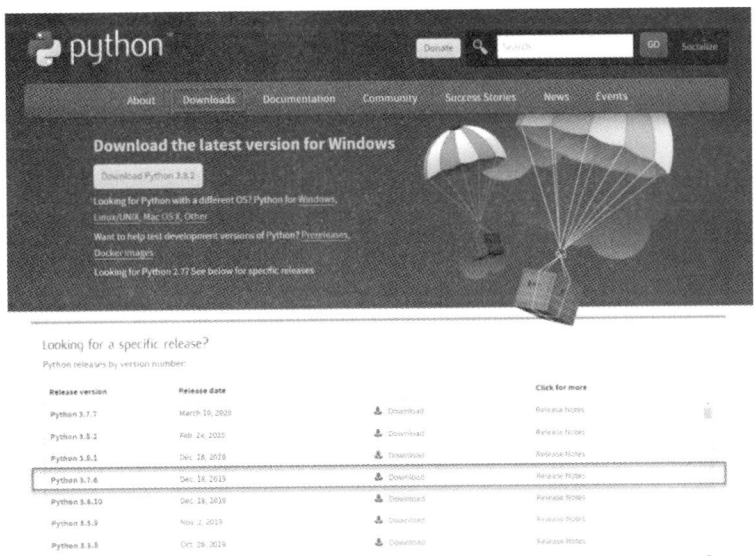

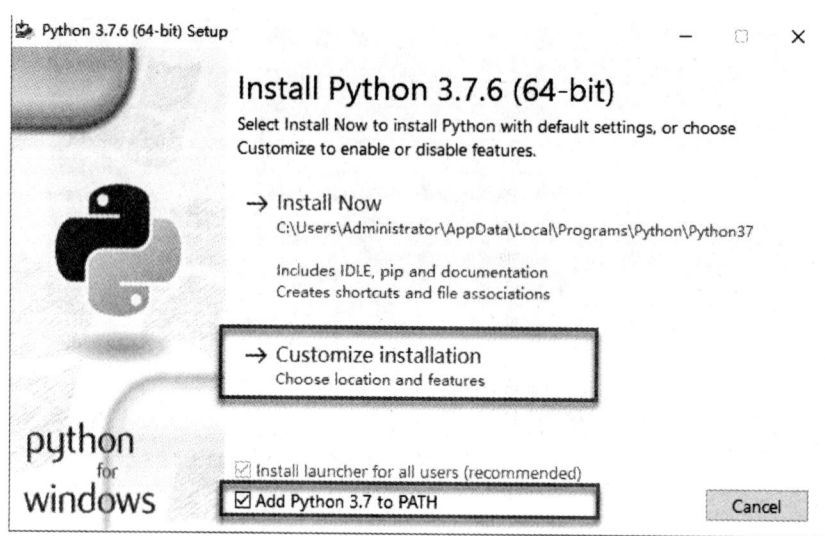

图 2-4 Python 安装界面

（2）在如图 2-5 所示界面中，选择要安装的功能，然后单击"Next"按钮。

（3）在如图 2-6 所示界面中，设置 Python 的安装路径，然后单击"Install"按钮，开始安装进程。安装成功后，在如图 2-7 所示界面中，单击"Close"按钮，结束安装。

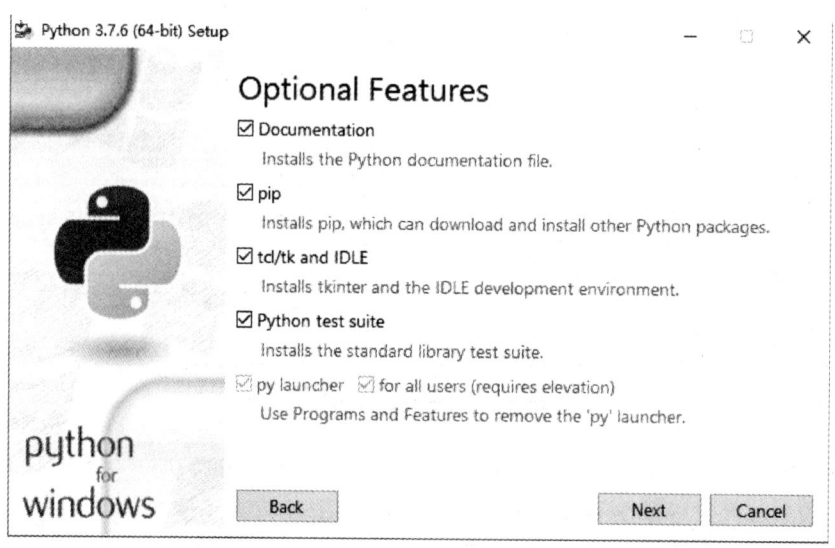

图 2-5 Python 可安装的功能选项

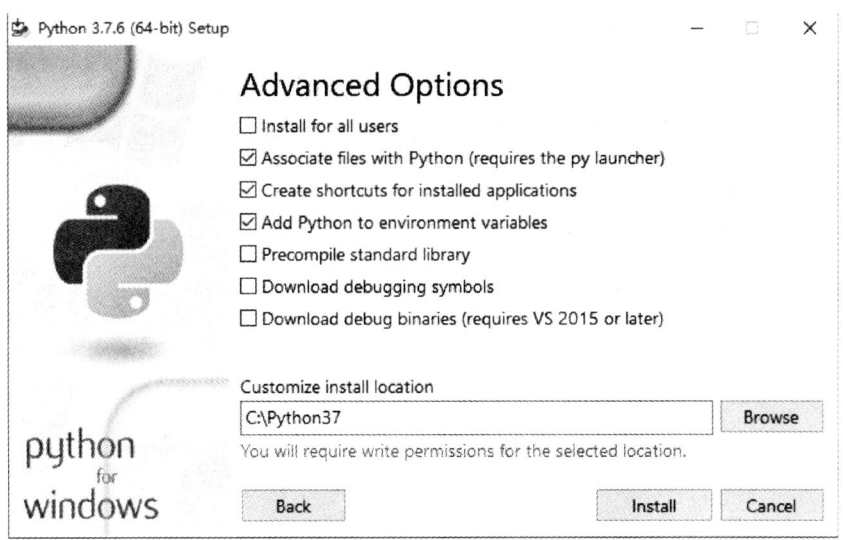

图 2-6　设置 Python 安装路径

图 2-7　安装成功界面

4. 使用 Python

（1）交互方式。

在 Windows 系统上成功安装 Python 3.7.6 后，选择"开始"菜单→"所有程序"→"Python 3.7"→"Python 3.7（64-bit）"，进入 Python 交互式运行环境。在提示符 >>> 下输入：print（"Hello World!"），按 Enter 键执行后，可以在下一行看到输出字符串"Hello World!"，如图 2-8 所示。

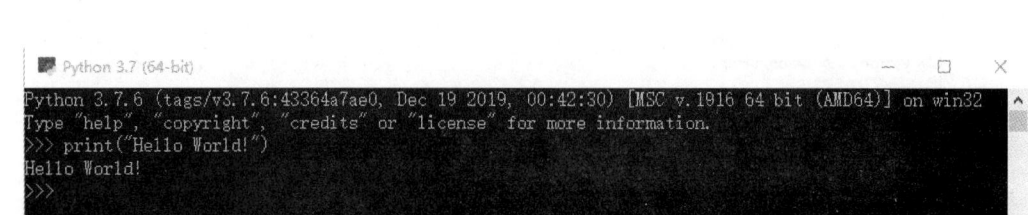

图2-8　交互方式下输出Hello World!

选择Windows的"开始"菜单→"所有程序"→"Windows系统"→"命令行提示符",进入Windows命令行控制台窗口,在命令提示符下输入命令"Python",同样可以进入Python交互式运行环境。退出Python交互环境的函数为exit( )。

IDLE是Python软件包自带的一个集成开发环境,初学者可以利用它方便地创建、运行、测试和调试Python程序。在Windows下安装Python后,IDLE就可以直接使用。

选择"开始"菜单→"所有程序"→"Python 3.7"→"IDLE(Python 3.7 64 - bit)",启动IDLE。IDLE启动后的初始窗口如图2-9所示。

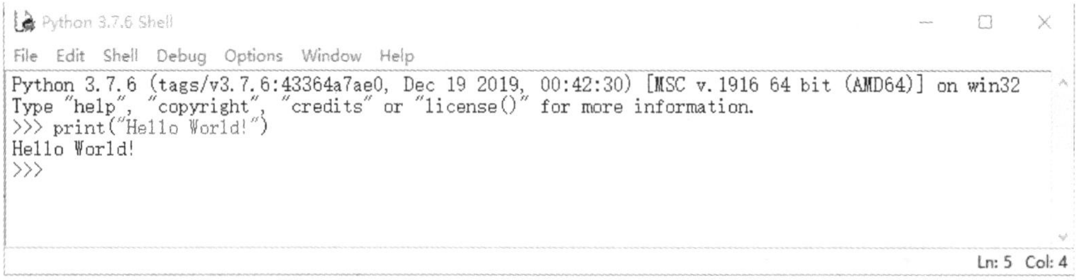

图2-9　在IDLE中使用交互式解释器

启动IDLE后首先看到的是Python Shell,通过它可以在IDLE内部执行Python命令。除此之外,IDLE还带有一个编辑器,用来编辑Python程序(或者脚本);有一个交互式解释器用来解释执行Python语句;有一个调试器来调试Python脚本。

(2) 代码文件方式。

交互方式下执行的代码语句没有被保存,无法重复执行或留作将来使用。可以将Python的程序代码保存在一个源程序文件中,然后用命令执行文件中的语句。Python源代码文件以.py为扩展名保存,然后在Windows命令行模式输入以下命令执行:

python filename.py

用户可以使用记事本或其他文本编辑器编写源代码,并将源程序保存为.py文件,然后在Windows的命令行方式下执行此文件。

用户也可以使用IDLE集成开发工具编写源代码,然后在集成开发工具中运行、调试源程序,得到运行结果。

【例 2-1】使用 IDLE 集成开发工具，创建源程序文件 T2.1.py，实现打印输出 "Hello World!" "Hello Python!"。

启动 IDLE，选择 "File" → "NewFile" 命令，打开一个新的文档窗口。

在新打开的文档窗口输入源程序代码，如图 2-10 所示。

```
#this is  my first python program!
print("Hello World!")
print("Hello Python!")
```

图 2-10　例 2-1 的源代码

选择 "File" → "Save" 命令，以 "T2.1.py" 为文件名保存。

选择 "Run" → "Run Module" 命令运行程序，得到如图 2-11 所示的运行结果。

```
Python 3.7.6 (tags/v3.7.6:43364a7ae0, Dec 19 2019, 00:42:30) [MSC v.1916 64 bit (AMD64)] on win32
Type "help", "copyright", "credits" or "license()" for more information.
>>> 
======================= RESTART: C:/Python37/T2.1.py =======================
Hello World!
Hello Python!
>>> 
```

图 2-11　例 2-1 的运行结果

5．Python 脚本语言书写规范

使用任何一种语言编写程序时都有一定的规范，使用 Python 编写程序时，应该注意以下书写规范：

（1）Python 使用缩进来界定不同层次、级别的语句，同一级别的语句必须严格使用相同的缩进，否则解释器会报错。一般可以使用制表符或者空格键来进行缩进，但是不能同时使用制表符和空格键来进行缩进，同时，由于不同编辑器的制表符大小可能不一致，所以通常建议统一使用四个空格符来进行一次缩进。

（2）如果要对语句进行解释，可使用#进行解释，单#后面只允许单行文字解释，如果需要多行解释，则可以使用三个单引号括住文字首尾。

（3）通常一条语句写在一行，如果语句过长，可以在行末使用反斜线 "＼" 将后面内容写到下一行。

(4) 如果要将多条语句写在同一行,可以使用分号";"隔开。

(5) 一般代码块或者函数都没有明显开始和结束标志,通常使用冒号":"和代码自身缩进来区隔。其中冒号":"可以将代码块的头和体分开。

2.1.4 Anaconda 开发环境的安装和使用

Python 的集成开发环境能够帮助使用者提高开发效率,加快开发的速度。除了 Python 官网提供的 IDLE 开发环境,还有 PyCharm、Eclipse + PyDev、Eric、winIDE 等。

Anaconda 是一个方便的 Python 包管理和环境管理软件,一般用来配置不同的项目环境。其包含了 conda、Python 等 180 多个科学包及其依赖项。Anaconda 本身集成了大量常用的 Python 扩展库,包括很多用于科学计算的模块库,如 numpy、scipy 和 matplotlib 等,节约用户配置 Python 开发环境的时间。通过管理工具包、开发环境、Python 版本,Anaconda 极大地简化了程序开发的工作流程。不仅可以方便地安装、更新、卸载工具包,而且安装时能自动安装相应的依赖包,同时还能使用不同的虚拟环境隔离不同要求的项目。

1. Anaconda3 下载与安装

Anaconda 的官方网站提供有运行在 Windows、Linux 和 MAC OS X 平台,支持不同版本 Python 的安装程序。国内用户也可以到清华大学 TUNA 镜像站下载安装包。

双击 Anaconda3 的安装文件,启动安装程序。安装过程中推荐选择"Install for:Just Me",如图 2 – 12 所示;可以设置 Anaconda3 的安装目录(目标路径不能包含空格,也不能是"Unicode"编码),如图 2 – 13 所示;在"Advanced Installation Options"中不要勾选"Add Anaconda to my PATH environment variable"。因为如果勾选,则将会影响其他程序的使用。除非打算使用多个版本的 Anaconda 或者多个版本的 Python,否则便勾选"Register Anaconda as my default Python 3.7",如图 2 – 14 所示。

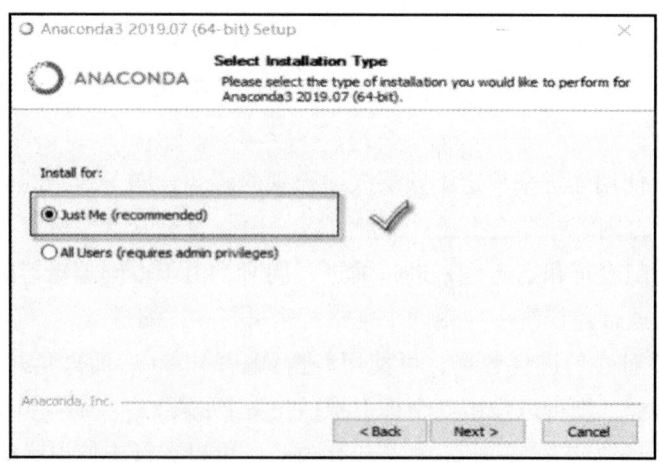

图 2 – 12 Anaconda3 安装

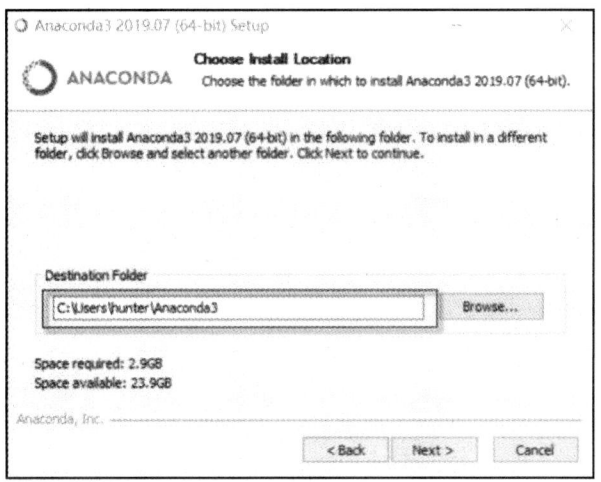

图 2-13　设置 Anaconda3 安装目录

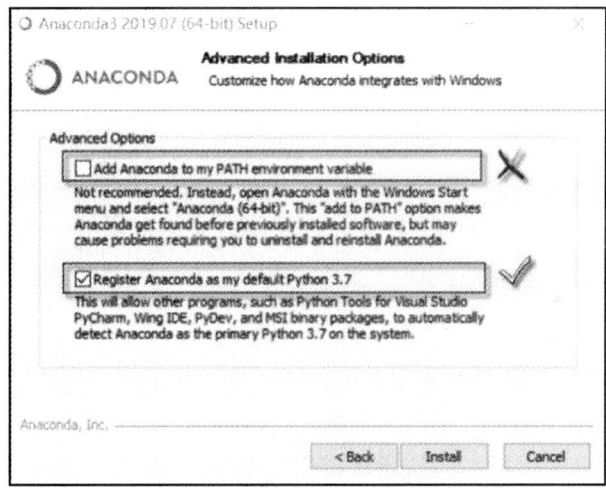

图 2-14　设置 Anaconda3 的安装选项

安装好 Anaconda 后，在开始菜单里可以找到 Anaconda3。

2．Anaconda3 组件介绍

安装 Anaconda 之后在开始菜单里可以看到 Anaconda Navigator、Spyder、Jupyter Notebook 和 Anaconda Prompt 几个组件，下面分别简单介绍一下。

（1）Anaconda Navigator。

Navigator 是 Anaconda 用于管理工具包和环境的可视化的管理界面，如图 2-15 所示。Navigator Home 可以看到有一些应用工具（application），有些是 Lauch 状态，代表已经安装，可以点击直接打开使用；有些是 Install 状态，可以点击安装后使用。选择"File"→"Quit"命令，可以退出 Navigator。

图 2-15　Anaconda Navigator 界面

（2） Spyder。

Spyder 就是 Anaconda 中 Python 的 IDE，可以通过"开始"菜单→"Anaconda3-64bit"→"Spyder（Anaconda3）"打开，也可以通过 Navigator 打开。图 2-16 是一个简单的"Hello world!"的示例及运行结果。选择"File"→"Quit"命令，可以退出 Spyder。

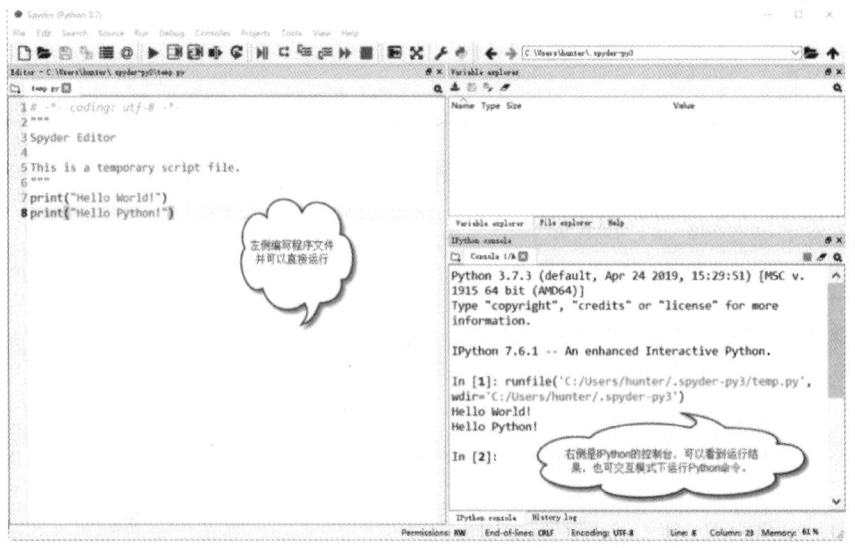

图 2-16　Spyder 的用户界面

(3) Jupyter Notebook。

Jupyter Notebook 是基于 web 的交互式计算环境,可以编辑易于人们阅读的文档,用于展示数据分析的过程。Jupyter Notebook 是一个非常强大的工具,可将代码和它的输出集成到一个文档中,并且结合了可视的叙述性文本、数学方程和其他丰富的媒体。其直观的工作流促进了迭代和快速的开发,使得 Notebook 在当代数据科学、分析和越来越多的科学研究中深受欢迎。

启动 Jupyter Notebook 后,在右上角单击"New",然后选择"Python3",如图 2 – 17 所示。进入交互开发环境,在单元格内输入代码块后单击运行按钮即可运行输入的代码并得到结果,如图 2 – 18 所示。

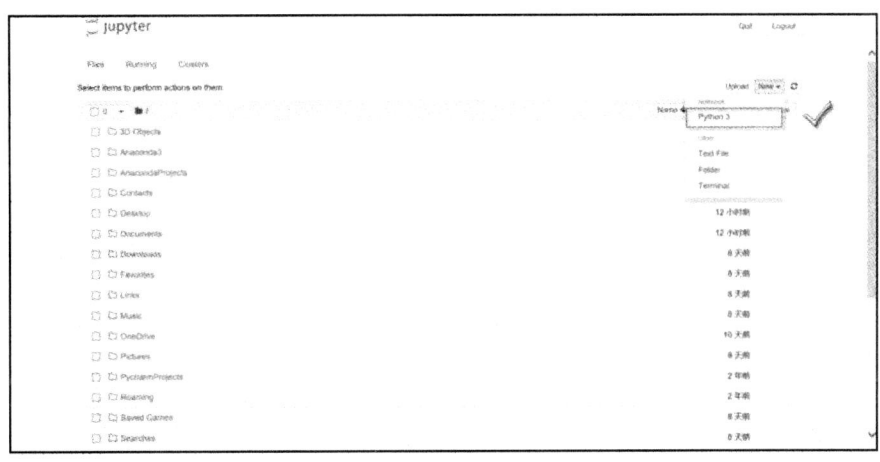

图 2 – 17　Jupyter Notebook 启动界面

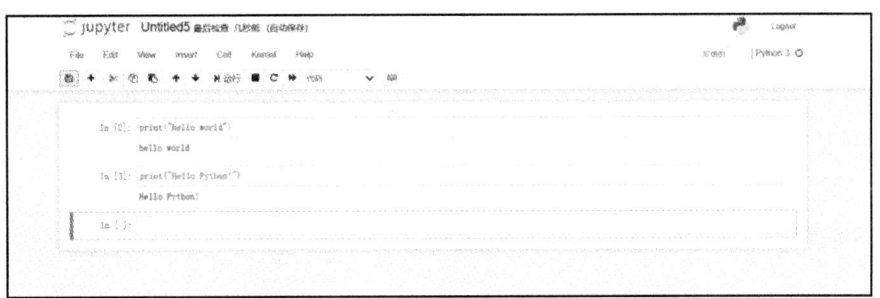

图 2 – 18　Jupyter Notebook 的交互式编程界面

(4) Anaconda Prompt。

Anaconda 的两种管理方式,Navigator 是可视化界面模式,那么与之对应的就是命令行模式,Anaconda Prompt 是一个 Anaconda 的终端(Anaconda 管理器),可以便捷地操作 conda 环境,如图 2 – 19 所示。

图 2-19 Anaconda Prompt 用户界面

2.2 基础数据类型

从计算机的角度来讲，所谓数据，是指能被计算机存储和处理的、反映客观实体信息的物理符号。数字、文字（又称符号）、表格、图形等都被称为数据。多媒体技术出现后，计算机能存储和处理的信息类型越来越广泛，如声音、图像、动画等也被纳入数据的范畴。

通常计算机程序设计语言将数据按其性质进行分类，每一类称为一种数据类型（data type）。Python 常用的基础数据类型有布尔型（Boolean）、字符串（String）、整型（Integer）、浮点型（Float）、复数（Complex）等，表 2-1 列出了这几种基础的数据类型。

表 2-1 基础数据类型

数据类型	关键字	说 明
Boolean（布尔型）	bool	值为 True 或 False，用于循环或判断
String（字符串）	str	表示字符或字符串，如 "hello world"
Integer（整型）	int	表示整数，如 3、8
Float（浮点型）	float	表示带小数点的数字，如 15.6
Complex（复数）	complex	表示复数，如 2 + 3j

另外，除了这些基础数据类型之外，Python 还支持多种组合类型数据，这些数据通常由基本数据类型组合而成，包括列表、元组、集合、字典等，这在后面会有专门章节讲述。

Python 将所有数据均看成对象来处理，无论是基础数据类型还是后面章节所述组合数据类型，系统根据不同数据类型内置了很多处理该类型数据对象的方法，结合这些方法，可以对各类数据进行不同操作。

2.2.1 数字

在基础数据类型中,数字、实数和复数均属于数字类型。

整型用于表示整数,Python 支持任意大的整数,数字大小仅受内存大小控制。可以使用二进制、八进制、十进制以及十六进制表示。其中十进制直接表示,二进制则必须以 0b 开头,八进制以 0o 开头,十六进制以 0x 开头。例如:

```
>>> 123                   #十进制
123
>>> 0b123                 #二进制,无效数据
SyntaxError: invalid syntax
>>> 0b101010              #二进制
42
>>> 0o123                 #八进制
83
>>> 0x123                 #十六进制
291
```

浮点型也称为实型,用于表示小数。浮点数可以直接表示,也可以使用科学计数法表示,例如:5.2e12。

复数由于是由实部和虚部构成,在 Python 中虚部用 j 表示,例如 5+6j。

Python 支持对所有类型的数字进行相应运算,例如加、减、乘、除等。但需要注意的是,由于精度问题,实数之间的运算可能会有一定的误差,应避免在实数之间直接进行相等测试,而应该以两个实数之间的差值是否足够小作为判断依据。

同时,为方便辨认,Python 支持在单个数字之间使用下画线"_"隔开每一个数字,其作用类似于千分位分隔符。例如:

```
>>> 12_345_000            #使用下画线方便辨认
12345000
```

2.2.2 字符串

字符串由若干字符构成,Python 可以使用单引号、双引号、三单引号以及三双引号作为界定符表示字符串,例如'hello'、'''hello'''、"hello"均表示字符串"hello"。但是,单引号和双引号不能表示多行字符串,如果需要表示多行字符串,可以使用三单引号,例如:

```
>>> '''BEI JING 2008
CHINA
WORLD'''                    #多行字符串的表示
'BEI JING 2008 \nCHINA \nWORLD'
>>>
```

同时,在字符串中可以使用一些转义字符,转义字符是在某字符前添加符号\,该字符将被解释为另一种含义。常用转义字符见表2-2。

表2-2 常用转义字符

转义字符	含义	转义字符	含义
\b	退格标志	\\	代表\自身
\f	换页符	\'	代表单引号自身
\n	换行符	\"	代表双引号自身
\t	水平制表符	\v	垂直制表符
\r	回车符		

```
>>> print ('Jack said \"I \'m jack \".')    #输出字符串,使用\代表普通
字符,而不是界定符
Jack said " I'm jack".
>>> print ('abc \tefg')                     #输出字符串,\t代表一个制表位的位置
abcefg
```

1. 字符串的引用与切片

从处理方法看,Python将字符串看成与后面章节所述列表、原组、字典等一样的可迭代的序列,可以对字符串中的字符进行单个引用或多个引用(切片)。

要引用字符串中的字符,需要了解Python中序列的索引,通常,序列都支持双向索引,以字符串"Python"为例。如图2-20所示,第一个元素下标为0,第二个元素下标为1,以此类推;最后一个元素下标为-1,倒数第二个元素下标为-2,以此类推。

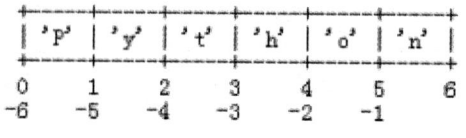

图2-20 字符串索引号

通过索引可以很方便地实现字符的引用以及字符串的切片。例如：

```
>>> s = "Python"              #定义一字符串变量s，变量相关见下节
>>> s[1]                      #s[i] 引用索引为i的字符
'y'
>>> s[-1]
'n'
>>> s[2:4]                    #s[i:j] 引用第i到第j个字符
'th'
>>> s[-4:]                    #引用索引第i到结尾的字符
'thon'
>>> s[:4]                     #引用索引从头至i的字符
'Pyth'
>>>
```

2. 字符串常用操作

Python 为字符串对象提供了大量的方法来对字符串进行操作，通常使用方法的方式为：

对象名.方法名（参数）

这些方法通常不改变字符串本身，只是返回按照该操作对字符串操作的结果。表2-3列出了对字符串操作的常用方法。

表2-3 字符串常用方法

方　　法	作　　用
capitalize()	将字符串首字母大写
lower()	将字符串改为小写
upper()	将字符串改为大写
swapcase()	将字符串大小写互换
title()	将字符串每个单词首字母大写
rind()	返回一个字符串在某字符串中首次出现的位置，如不存在返回-1
index()	返回一个字符串在某字符串中首次出现的位置，如不存在返回异常
rfind()	返回一个字符串在某字符串中最后一次出现的位置，如不存在返回-1
rindex()	返回一个字符串在某字符串中最后一次出现的位置，如不存在返回异常

续上表

方法	作用
count()	返回一个字符串在某字符串中首次出现的次数,如不存在返回0
split()	返回一个以指定字符为分隔符将某字符串从左开始分隔后的列表对象
rsplit()	返回一个以指定字符为分隔符将某字符串从右开始分隔后的列表对象
join()	将列表中多个字符串进行连接,返回一新字符串
strip()	删除字符串两端空格
rstrip()	删除字符串右端空格
lstrip()	删除字符串左端空格
replace()	用某字符串替换字符串指定字符或字符串
maketrans()	生成字符映射表
translate()	根据映射表转换字符串
startwith()	判断字符串是否以指定字符串开始
endswith()	判断字符串是否以指定字符串结束
isalnum()	判断字符串是否为数字或字母
isalpha()	判断字符串是否为字母
isdigit()	判断字符串是否为数字字符
isdecimal()	判断字符串是否为数值
isnumeric()	判断字符串是否为数字,包括汉字数字或罗马数字
isspace()	判断字符串是否为空白字符
isupper()	判断字符串是否大写
islower()	判断字符串是否小写
center()	返回指定宽度并将原字符串居中的新字符串
ljust()	返回指定宽度并将原字符左对齐的新字符串
rjust()	返回指定宽度并将原字符右对齐的新字符串
zfill()	返回指定宽度、左侧以0填充的新字符串

现对部分方法举例如下:

```
>>> s = "hello, world"         #定义字符串
>>> s.find("o")                #查找字符"o"第一次出现的位置
4
>>> s.find("o", 5)  #从第5个字符开始查找字符"o"在字符串第一次出现的位置
7
>>> s.find("o", 1, 3)  #在第1-3个字符中查找字符串"o",没找到返回-1
-1
>>> s.index("o")
4
>>> s.index("o", 1, 3)  #在第1-3个字符中查找字符串"o",没找到返回异常
Traceback (most recent call last):
  File "<pyshell#18>", line 1, in <module>
    sindex ("o", 1, 3)
NameError: name 'sindex' is not defined
>>> s.count("o")               #统计字符"o"出现的次数
2
>>> s.split(",")               #返回以","分隔的字符串构成的列表
['hello', 'world']
>>> s.isalnum()                #因为字符串有",",返回false
False
>>> s = "helloworld"           #全是字母数字,返回true
>>> s.isalnum()
True
```

2.3 常量与变量

在 Python 程序中,没有经过赋值,直接使用的确定的数据,都是常量。常量意味着其值是固定的,不能改变的。反之,在程序设计中,通常使用变量来存储可以改变的值,所以变量可以存储一些临时结果。

与 VB、C++ 等程序设计语言不同,Python 采取的是一种动态赋值的方式,也就是说程序员是不需要预先声明变量及其类型的,而是通过对变量进行赋值创建变量的,系统会根据所赋的值自动判断变量的数据类型。这就意味着变量不但值可以随时变化,其类型亦可以随时改变。例如:

```
>>> a=123              #定义变量a并赋值
>>> type(a)            #使用内置函数type()查看变量的数据类型
<class 'int'>
>>> a="abcd"
>>> type(a)
<class 'str'>
>>>
```

在赋值的时候，除了对单变量赋值，双变量或者多变量赋值亦是可以的。例如：

```
>>> a=b=c=5    #相当于三个变量均等于5
>>> a,b=5,6    #相当于a=5；b=6
```

另外，Python对变量进行赋值是基于值的内存管理模式，也就是说变量本身并不直接存储值，而是存储了值的内存地址，系统通过该内存地址找到对应变量的值。所以，如果两个变量的值一样，他们的值的内存地址是一样的。例如：

```
>>> a=10
>>> id(a)              #查找变量a的值的内存地址
140733020230976
>>> b=a
>>> id(b)
140733020230976        #经过赋值，a和b的值的内存地址是一样的
>>> a=11
>>> id(a)
140733020231008        #重新赋值后，a的值的内存地址变了
>>> id(b)
140733020230976        #b没有再次赋值，b的值的内存地址没有变
>>> b=11
>>> id(b)
140733020231008        #b重新赋予与a相等的值后，b的内存地址也和a一样了
>>>
```

要删除变量使用命令"del 变量名"实现，例如：

```
>>> a =123
>>> print(a)
123
>>> del a
>>> print(a)                    #因为变量被删除,所以显示未被定义
Traceback (most recent call last):
  File "<pyshell#38>", line 1, in <module>
    print(a)
NameError: name 'a' is not defined
>>>
```

在给变量命名时,要注意以下几点变量命名要求:

(1) 变量名只能是由字母、数字、下画线组成。

(2) 变量名只能以字母或下画线开头,其中以下画线开头的变量具有特殊含义,仅在特殊场合使用,相关知识参考后面单元内容。

(3) 变量名不能和系统保留的关键字相同,比如 while、string 等。

(4) 变量名是区分大小写的。

2.4 运算符与表达式

在 Python 中经常使用的运算符包括算术运算符、关系运算符、逻辑运算符、位运算符、成员和身份运算符及赋值运算符等。

通过各种运算符、常量或变量连接在一起的式子称为表达式。

2.4.1 算术运算符

算术运算符有 + 、 - 、 * 、 / 、 // 、% 、 * * ,具体含义见表 2-4。

表 2-4 算术运算符

运算符	功能	例子	结果
+	两个数相加	5+10	15
-	两个数相减	10-5	5
*	两个数相乘	3*5	15
/	用一个数除以另一个数	10/4	2.5
//	两个数相除取整	10//4	2

续上表

运算符	功能	例子	结果
%	求模运算,返回相除的余数	21%2	1
**	求幂运算	2**3	8

在这些运算符中,运算符"+"和"*"均可用于字符串操作。运算符"+"用于将两个字符串连接成新的字符串,运算符"*"用于字符串的重复。例如:

```
>>> s1 = "你好,中国!"
>>> s2 = "我爱中国"
>>> s1 + s2
'你好,中国!我爱中国'
>>> s1 * 3
'你好,中国!你好,中国!你好,中国!'
>>>
```

2.4.2 关系运算符

关系运算也称比较运算,它表示不等式的真或假,主要用于数值、日期等数值之间的比较。常用的比较操作符有大于(>)、小于(<)、大于等于(>=)、小于等于(<=)或不等于(!=),具体含义见表2-5。

表2-5 关系运算符

运算符	功能	例子	结果
<	小于	1<2	True
		3<2	False
<=	小于等于	2<=2	True
		3<=2	False
==	等于	2=2	True
		3=2	False
>=	大于等于	3>=2	True
		2>=3	False
>	大于	3>2	True
		2>3	False

续上表

运算符	功能	例子	结果
!=	不等于	3!=2	True
		2!=2	False

2.4.3 逻辑运算符

逻辑运算符主要用于某些条件判断，包括逻辑与（and）、逻辑或（or）以及逻辑非（not）。具体含义详见表 2-6。

（1）and 是逻辑与，and 两端的条件均为真时，运算结果才为真。

（2）or 是逻辑或，or 两端的条件只要有一个条件为真，结果即为真。

（3）not 是逻辑非，not 后边的条件为真，结果为假，反之，not 后面的条件为假，结果为真。

表 2-6 逻辑运算符

运算符	功能	例子	结果
and	逻辑与	True and True	True
		True and False	False
		False and False	False
or	逻辑或	True or True	True
		True or False	True
		False or False	False
not	逻辑非	not True	False
		not False	True

2.4.4 位运算符

位运算符将数字转换为二进制后按位进行运算，最后将结果再次转换为十进制数字返回。位运算符有左移位运算符（<<）、右移位运算符（>>）、按位与运算符（&）、按位或运算符（|）以及按位取反运算符（~）。具体含义见表 2-7。

表 2-7 位运算符

运算符	功能	例子	结果
<<	将数的所有二进制左移一位，右侧空出的位以 0 补齐	2 << 1 2 << 2	4 (10 -> 100，左移一位) 8 (10 -> 1000，左移两位)
>>	将数的所有二进制右移一位，左侧空出的位以 0 补齐	8 >> 1 8 >> 2	4 (1000 -> 100，右移一位) 2 (1000 -> 10，右移两位)
&	按位进行与的操作，相当于 and	3&4	0 (11 and 100 低位对齐按位与)
|	按位进行或的操作，相当于 or	3|4	7 (11 or 100 低位对齐按位或)
~	按位取反，最终结果为 -(x+1)	~4	-5

2.4.5 成员和身份运算符

成员运算符有 in 和 not in，主要用于判断某个对象是否属于另一个对象的元素；身份运算符有 is 和 is not，主要用于判断两个对象是否为同一个，即它们的值是否存储于同一内存单元中。具体含义见表 2-8。

表 2-8 成员运算符、身份运算符

运算符	功能	例子	结果
in	在指定对象中找到指定的值，返回 True，否则返回 False	"b" in "abcd"	True
not in	与 in 作用相反	"c" not in "abcd"	False
is	判断两个变量是否一样，是则返回 True，否则返回 False	a = 2 b = 2 a is b	True
is not	与 is 作用相反		

2.4.6 赋值运算符

通常在编程过程中，我们使用等号 = 进行赋值，Python 允许等号 = 与其他算术运算符组合生成复合赋值运算符，通常包括 += 、 -= 、 *= 、 /= 、 //= 、 %= 、 **= 等，其具体含义见表 2-9。

表 2-9 算术运算符

运算符	功能	例子	结果
+=	加法赋值	a+=b	等价于 a=a+b
-=	减法赋值	a-=b	等价于 a=a-b
*=	乘法赋值	A*=b	等价于 a=a*b
/=	除法赋值	a/=b	等价于 a=a/b
//=	整除赋值	a//=b	等价于 a=a//b
%=	求模赋值	a%=b	等价于 a=a%b
**=	求幂赋值	a**=b	等价于 a=a**b

在一个表达式中，如果同时使用了多种运算符，则这些运算符是有优先级的，大致的优先级如下：

算术运算符 > 位运算符号 > 关系运算符 > 赋值运算符 > 身份与成员运算符 > 逻辑运算符

由于运算符众多，一般还是建议使用括号（）来界定运算优先顺序，这样既可以避免不必要的判断，又可以使程序更加清晰。

2.5 常用 Python 内置函数

内置函数是 Python 核心模块内置的对象之一，Python 将一些编程过程中常用的函数封装在对象__builtins__中，不需要导入就可以直接引用。使用内置函数 dir（）可以查看所有内置函数。该命令为："dir（__builtins__）"。

如果需要查看某个内置函数或对象的具体用法，可以使用 help（对象名）查看。例如：

```
>>> help (sqrt)
Help on built-in function sqrt in module math:

sqrt (x, /)
    Return the square root of x.
>>>
```

内置函数通常包含三个要素：函数名、参数、返回值。

内置函数的使用格式如下：函数名（参数列表）。

说明:

①参数列表表示用逗号隔开的值或表达式,不同函数的参数个数不同,有些函数没有参数。

②一般函数都有一个返回值,即函数的运算结果,通常函数的返回值的类型是固定的,且在调用时赋值给一个变量。

由于不需要额外导入,所以内置函数运行速度相对较快。本书将对一些常用的内置函数进行介绍。

2.5.1 基本输入/输出函数

输入函数 input() 和输出函数 print() 是编程过程中使用频率较高的函数。输入函数主要接收用户的键盘输入,输出函数则将一些数据或结果以指定格式输出到终端。

1. input() 函数

功能:接收来自键盘的输入。

格式:input([promt])

input() 将所有键盘输入均存储为字符串类型数据,可以使用转换函数自行转换成其他类型。同时,提示符 promt 可选。

举例如下:

```
>>> a = input()                    #无提示符输入语句
12
>>> type(a)                        #显示变量 a 的类型
<class 'str'>
>>> b = input("请输入姓名:")       #有提示符输入语句
请输入姓名:张三
>>> type(b)
<class 'str'>
```

2. print() 函数

功能:将指定对象以指定格式输出到终端。

格式:print(* values, sep = ' ', end = '\n', file = sys.stdout, flush = False)

其中:

参数 * values 指定输出的对象,如多个对象同时输出,则以逗号隔开。

参数 sep = ' ' 指定当输出多个对象时,各个值之间的分隔方式,不设置默认为空格,也可以自定义,例如:

```
>>> print ("abc","def")                    #分隔符默认为空格
abc def
>>> print ("北京","2008", sep = "**")       #自定义分隔符
北京**2008
>>> print ("北京","2008", sep = "\n")
北京
2008
>>>
```

参数 end = '\n' 指定输出完后的结束符号，不设置默认为换行符，也可以自己定义，如占位符'\t'，空格''等。

参数 file = sys. stdout 指定输出设备，不设置默认为显示终端，后期可结合文件操作将结果输出到某个文件中。

参数 flush = False 指定输出是否刷新，不设置默认为 False，不刷新，值为 True 时刷新。

除此之外，print () 函数亦具有 C 语言 printf 语句类似的格式化输出功能。这就需要用到标记转换说明符%，可在%后添加相应符号指定一些输出格式。其输入方式如下：

%［转换标志］［最小字段宽度］.［精度值］［转换类型字符］

各部分说明如下：

（1）转换标志：- 表示左对齐；+ 表示在转换值之前要加上正负号；""（空白字符）表示正数之前保留空格；0 表示转换值若位数不够则用 0 填充。

（2）最小字段宽度：转换后的字符串至少应该具有该值指定的长度。如果是 *，则长度会从元组中读出。

（3）点（.）后跟精度值：如果转换的是实数，精度值就表示出现在小数点后的位数。如果转换的是字符串，那么该数字就表示最大字段宽度。如果是 *，那么精度将从元组中读出。

（4）转换类型字符：规定相关对象强制转换显示格式，具体见表 2 - 10。

表 2 - 10　转换类型字符

转换类型	含义
d, i	带符号的十进制整数
o	不带符号的八进制
u	不带符号的十进制

续上表

转换类型	含义
x	不带符号的十六进制（小写）
X	不带符号的十六进制（大写）
e	科学计数法表示的浮点数（小写）
E	科学计数法表示的浮点数（大写）
f, F	十进制浮点数
g	如果指数大于-4或者小于精度值则和e相同，其他情况和f相同
G	如果指数大于-4或者小于精度值则和E相同，其他情况和F相同
c	单字符（接受整数或者单字符字符串）
r	字符串（使用repr转换任意Python对象）
s	字符串（使用str转换任意Python对象）

其用法和C语言的printf类似，例如：

```
>>> a="北京"                                    #a为字符串
>>> b=2008                                     #b为整型
>>> print("%s年举办奥运会的地点是%s"% (b, a))
#将变量b转换为字符串形式显示
2008年举办奥运会的地点是北京


>>> c=10/3
>>> print('%6.4f'% c)              #显示宽度为6个字符，精确到四位小数

3.3333
>>> print('%011.4f'% c)   #显示宽度11个字符，精确到四位小数，左侧用0填充

000003.3333
>>>
```

2.5.2 常用转换函数

转换函数可以实现各种对象类型的相互转换。常用的转换函数如表2-11所示。

表 2-11 常用转换函数

函数	功能	举例	结果
int（x）	返回各种类型数字的整数部分，或者将数字构成的字符串转换为整数返回	int（10.5） int（"123"）	10 123
float（x）	把整数或字符串转换为浮点数并返回	float（123）	123.0
bin（x）	把整数 x 转换为二进制	bin（16）	1111
hex（x）	把整数 x 转换为十六进制	hex（16）	F
oct（x）	把整数 x 转换为八进制	oct（16）	20
str（obj）	将对象直接转换为字符串	Str（123）	"123"

2.5.3 常用数学函数

因为 Python 将大部分数学函数置于标准库 math 中，所以在内置函数中常用数学函数并不多，主要包括 abs（）、round（）、max（）、min（）、sum（）等几个函数。

1. abs（）函数

功能：返回数字 x 的绝对值或复数 x 的模。

格式：`abs（x）`

例：abs（-5.6）返回 5.6

2. round（）函数

功能：对 x 进行四舍五入，如果不指定小数位数，则返回整数。

格式：`round（x [, 小数位数]）`

例：round（-5.6）返回 -6

3. max（）与 min（）函数

功能：分别返回给定对象的最大值或者最小值。

格式：`max（x, y, z, …）; min（x, y, z, …）`

参数中的给定对象，既可以是数字，也可以是字符串，亦可以是列表、元组、字典等其他可迭代对象。还可以加入参数 key 设置比较大小的依据。举例如下：

```
>>> max("sabde")              #对单个字符串中字符取最大值
's'
>>> max(3, 50, 100, 9)        #多个对象求最大值
100
>>> max("abcd","def","efg")   #按默认方式求最大值
'efg'
>>> max("abcd","def","efg", key=len)   #按字符串长度求最大值
'abcd'
```

4. sum() 函数

功能：计算指定序列的和。

格式：sum (iterable [, start])

其中参数 iterable 为列表、元组等可迭代对象，start 则指定相加的初值，如未指定，则默认为 0。

举例如下：

```
>>> sum((2, 3, 4), 1)         #计算元组中所有元素的和后再加 1
10
>>> sum([0, 1, 2, 3, 4], 2)   #计算列表中所有元素的和后再加 2
12
```

2.5.4 其他常用函数

1. list() 和 tuple() 函数

功能：将指定序列分别转换为列表和元组（列表和元组相关内容可参考相关章节）。

格式：list (序列)；tuple (序列)

举例如下：

```
>>> list("abcdef")            #将字符串序列转化为列表
['a', 'b', 'c', 'd', 'e', 'f']
>>> list((1, 2, 3, 4))        #将元组转化为列表
[1, 2, 3, 4]
>>> tuple("abcdef")           #将字符串序列转化为元组
('a', 'b', 'c', 'd', 'e', 'f')
```

需要注意的是，如果序列是一个已经赋值的变量，list() 和 tuple() 函数并不

改变变量的数据类型。例如:

```
>>> s = "abcdef"           #对变量 s 赋值
>>> list(s)                #生成列表
['a', 'b', 'c', 'd', 'e', 'f']
>>> s                      #显示 s 仍是字符串
'abcdef'
```

2. type() 函数

功能: 返回对象数据类型。

格式: `type (obj)`

例: type("123") 返回 str

3. id() 函数

功能: 返回对象的内存地址。

格式: `id (obj)`

4. range() 函数

功能: 按照指定方式创建一整数等差序列。

格式: `range (start, stop [, step])`

其中,参数 start 指定序列起始数字, stop 指定序列最大数字, step 指定步长, 不指定默认为 1。举例如下:

```
>>> list(range(1, 10, 2))    #建立1-10的步长为2的等差序列并转换为列表
[1, 3, 5, 7, 9]
```

range() 函数经常用在循环编程中作为循环是否结束的判断标志。

5. sorted() 函数

功能: 对所有可迭代的对象进行排序操作。

格式: `sorted (iterable, key = None, reverse = False)`

其中, 第一个参数是必需的, 参数 key 和 reverse 可根据需要设置, key 可以定义排序的依据, reverse 则定义升序或者降序, true 为降序, 默认为升序。举例如下:

```
>>> a = [5, 7, 6, 3, 4, 1, 2, 10]          #将列表赋予 a
>>> b = sorted(a)
>>> a
[5, 7, 6, 3, 4, 1, 2, 10]
>>> b
[1, 2, 3, 4, 5, 6, 7, 10]
>>> sorted(a, key = str)                   #将列表中的元素看成字符串来排序
[1, 10, 2, 3, 4, 5, 6, 7]
```

从案例可以看出，sorted() 函数并不改变变量本身，其只是按照指定方式返回排序的值。

以上是部分系统内置函数使用方法。事实上除了系统内置函数之外，我们还可以通过导入一些标准模块及第三方库使用各种类型和各种功能的函数，相关知识将在本书第五章进行描述。

思考与练习

（1）简述 Python 语言有哪些优点和缺点。

（2）简述解释型语言和编译型语言之间的区别。

（3）登录 Python 官网，下载并安装最新版本 Python。利用 IDLE 创建 Python 程序，实现打印输出"I love Python！"。

（4）找出下面代码中的错误。

```
#Display two, messages
print（'welcome to Python'）
Print（'Python is fun'）.
```

第 3 章 程序流程控制结构

在程序设计过程中,通常会用到三种结构的程序流程来控制程序的走向,分别为顺序、分支(选择)和循环(重复)。

(1)顺序结构是按顺序结构组织程序,只需先把处理过程的各个步骤详细列出,然后把有关命令按照处理的逻辑顺序自上而下排列即可。

(2)分支结构又称选择结构或条件结构,是根据条件执行不同代码。

(3)循环结构又称重复结构,是根据某一条件多次执行同一段代码,直到条件为假。

如图 3-1 所示是使用流程图表示的三种程序控制结构。本章将主要讲述这三种程序流程的实现。

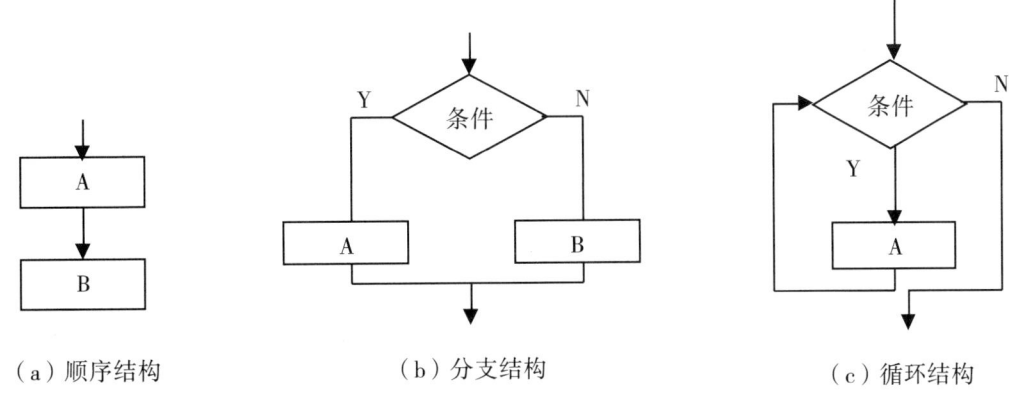

(a)顺序结构　　　　(b)分支结构　　　　(c)循环结构

图 3-1　三种程序流程结构

3.1 顺序结构

　　顺序结构是按程序中命令编写的先后顺序依次执行的结构,即程序代码从左至右、自上而下顺序运行。顺序结构是最简单、最基本的一种结构。使用顺序结构的语句主要有赋值语句、输入语句、输出语句等。

【例 3-1】根据提示输入某位同学的三门课程的成绩,求课程的平均分并输出。

程序代码如下:

```
name = input("请输入学生姓名:")
s1 = float(input("请输入第一门课的成绩:"))
s2 = float(input("请输入第二门课的成绩:"))
s3 = float(input("请输入第三门课的成绩:"))
aver = (s1 + s2 + s3) /3
print("%s 三门课的平均成绩为:%.2f"% (name, aver))
#格式化输出,成绩保留小数点 2 位
```

程序运行结果如图 3-2 所示。

```
======================= RESTART: D:/python基础程序/3-1.py ==============
请输入学生姓名:张三
请输入第一门课的成绩:76.8
请输入第二门课的成绩:85
请输入第三门课的成绩:90
张三三门课的平均成绩为:83.93
>>>
```

图 3-2　例 3-1 的程序运行结果

【例 3-2】输入圆的半径,计算圆的周长和面积并输出。

程序代码如下:

```
import math                        #导入标准库 math
radius = input("请输入圆的半径:")
radius_float = float(radius)
circ = 2 * math.pi * radius_float
area = math.pi * radius_float ** 2
print("圆的周长为:", circ)
print("圆的面积为:", area)
```

程序运行结果如图3-3所示。

```
======================= RESTART: D:/python基础程序/3-2.py =
请输入圆的半径：25
圆的周长为： 157.07963267948966
圆的面积为： 1963.4954084936207
>>>
```

图3-3　例3-2的程序运行结果

3.2　分支结构

分支结构是根据条件表达式值的不同而选择执行不同的代码。一段程序在判断程序走向或者执行路径的时候要使用分支结构。分支结构通常使用if语句来实现，有单分支结构、双分支结构和多分支结构等形式。

3.2.1　单分支结构

单分支结构流程图如图3-4所示。这是最简单的选择结构语句。其语句格式如下：

if 条件表达式：
　　语句块

语句功能：当<表达式>的值为True或非零时，执行语句块中代码后继续往下执行上一等级代码，否则跳出语句块直接执行上一等级代码。

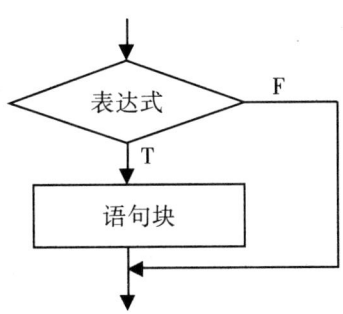

图3-4　单分支结构流程图

说明：

（1）Python中通常非0值被认为True，0为False。

（2）表达式中关系运算符是可以连用的，例如，1<2<3等价于1<2 and 2<3，结果为True。

（3）由于该语句没有明确的结束标志，所以严格通过对齐来判断代码等级。

【例3-3】输入一变量x的值,输出其绝对值。

程序代码如下:

```
s = int (input("请输入任意一个整数:"))
if s < 0:
    s = -s
print("该数的绝对值是:", s)
```

程序运行结果如图3-5所示。

```
======================= RESTART: D:/python基础程序/3-3.py
请输入任意一个整数：-15
该数的绝对值是：15
>>>
```

图3-5 例3-3的运行结果

【例3-4】通过键盘输入三个数,使用条件语句实现从大到小排序并输出。

程序代码如下:

```
num1 = int(input("请输入第一个数: "))
num2 = int(input("请输入第二个数: "))
num3 = int(input("请输入第三个数: "))
if num1 < num2:
    num1, num2 = num2, num1          #两个变量值互换
if num1 < num3:
    num1, num3 = num3, num1
if num2 < num3:
    num2, num3 = num3, num2
print("三个数从大到小为: ", num1, num2, num3)
```

程序运行结果如图3-6所示。

```
=
请输入第一个数：50
请输入第二个数：20
请输入第三个数：106
三个数从大到小为：  106 50 20
>>>
```

图3-6 例3-4的运行结果

3.2.2 双分支结构

单分支结构只能对一种情况进行选择,双分支结构则能完成两种情况的选择,例如:if(如果)绿灯亮是真,车就可以通行,else(否则)车辆要等待行人通过。这种情况可以通过 if...else...语句来实现。

其语句格式如下:

if 条件表达式:

  <语句块1>

else:

  <语句块2>

其流程图如图3-7所示。

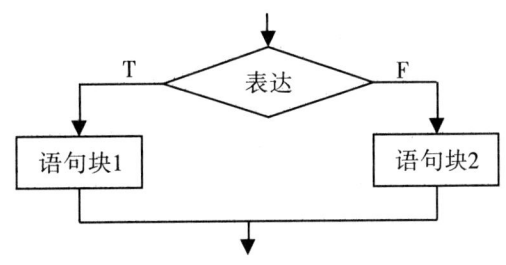

图3-7 双分支结构流程图

说明:

语句块1和语句块2通过严格使用缩进来表示。

【例3-5】输入一个整数判断其奇偶性。

程序代码如下:

```
num = int(input("请输入任意一个整数:"))
if num% 2 ==0:
        print("% d是偶数!"% num)         #格式化输出
else:
    print(str(num) +"是奇数")         #使用连接符号将两字符串连接在一起
```

程序运行结果如图3-8所示。

```
====================== RESTART: D:/python基础程序/3-4.py =
请输入任意一个整数:15
15是奇数
>>>
```

图3-8 例3-5的运行结果

3.2.3 多分支结构

在编写程序过程中,当语句分支多于两个时,则需要使用多分支选择结构。
多分支选择结构语法格式如下:
if <表达式1>:
<语句块1>
elif <表达式2>:
<语句块2>
……
elif <表达式n>:
<语句块n>
else:
<语句块n+1>
……

其流程图如图3-9所示。

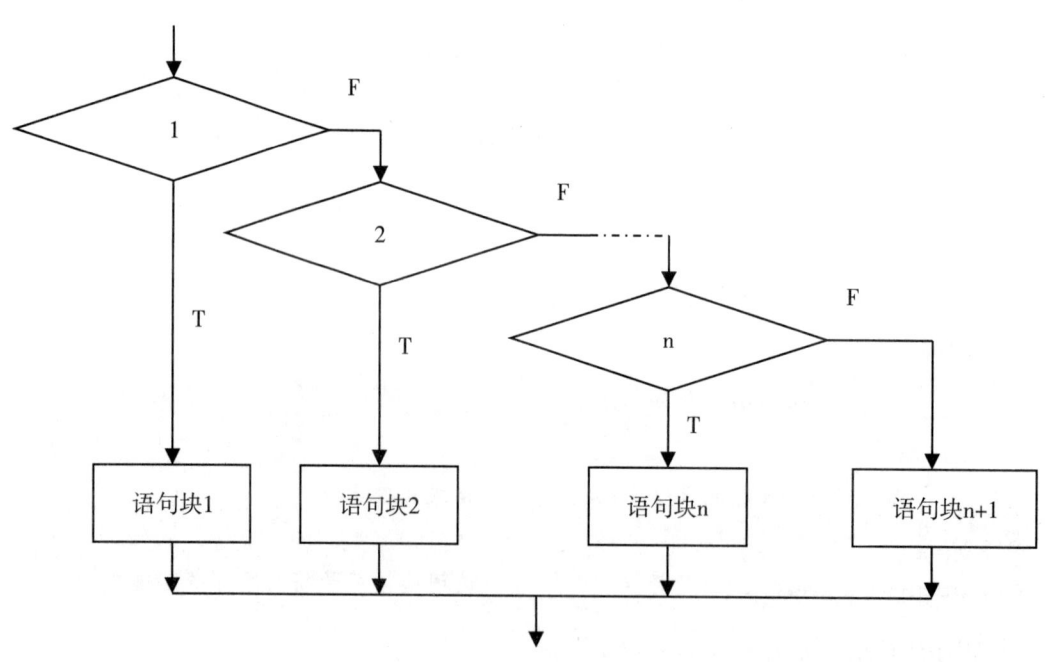

图3-9 多分支结构流程图

说明:

(1) 执行时,先计算<表达式1>的值,若为真,则执行<语句块1>,并跳过其他分支语句执行<语句块n+1>后续的语句(根据缩进自动判断);若为假,则计算<表达式2>的值,以此类推,直到找到一个为真的条件时,才执行相应的语句块,

然后执行 <语句块 n+1> 后续的语句（根据缩进自动判断）。

（2）当 if 语句内有多个表达式的值为真时，只执行第一个为真的表达式后的语句块。

（3）else 语句并不是必需的。

【例 3-6】某商场为了促销，采取阶梯打折的优惠办法，每位顾客一次购物：
- 1 000 元以下，不打折
- 1 000 元以上，按 9 折优惠
- 2 000 元以上，按 8 折优惠
- 4 000 元以上，按 7.5 折优惠
- 8 000 元以上，按 6.5 折优惠

编写程序，输入购物款金额 x，计算并输出优惠后的价格 y。

程序代码如下：

```python
x = float(input("请输入顾客消费金额:"))
if x > 8000:
    y = x * 0.65
    zk = "6.5折"
elif x > 4000:
    y = x * 0.75
    zk = "7.5折"
elif x > 2000:
    y = x * 0.85
    zk = "8.5折"
elif x > 1000:
    y = x * 0.9
    zk = "9折"
else:
    y = x
    zk = "不打折"
print("该顾客消费金额为%.2f,享受%s优惠,最终需要支付%.2f元"% (x, zk, y))
```

程序运行结果如图 3-10 所示。

```
======================= RESTART: D:/python基础程序/3-6.py =========
请输入顾客消费金额：10
该顾客消费金额为10.00，享受不打折优惠，最终需要支付10.00
>>>
======================= RESTART: D:/python基础程序/3-6.py =========
请输入顾客消费金额：25000
该顾客消费金额为25000.00，享受6.5折优惠，最终需要支付16250.00元
>>>
```

图 3-10 例 3-6 的运行结果

3.2.4 分支结构的嵌套

如果在一段代码中，由多个条件控制程序走向时，可以使用一些逻辑运算符例如 and、or 实现多个条件判断，也可以使用 if 语句的嵌套来实现。各种形式的 if 语句均可以嵌套。例如：

```
if 条件表达式：
    <语句块1>
    if 条件表达式：
        <语句块2>
    else：
        <语句块3>
else：
    <语句块4>
```

【例 3-7】输入学生学号及绩点判断学生是否具备交换生资格（假设只有专业为"商务英语"及"高翻"的学生且绩点 3.7 以上的学生才有资格，其中学号为 11 位字符串，"商务英语"和"高翻"专业其学号 5~6 位为 05 及 06）。

程序代码如下：

```python
id=input("请输入学生学号:")
score=float(input("请输入学生绩点:"))
if id[4:6]=="05" or id[4:6]=="06":
    if score>3.7:
        print("该学生具备交换生资格!")
    else:
        print("对不起,该学生不具备交换生资格!")
else:
    print("对不起,该学生不具备交换生资格!")
```

程序运行结果如图 3-11 所示。

```
请输入学生学号：20160600123
请输入学生绩点:4
该学生具备交换生资格！
>>>
====================== RESTART: D:/python基础程序/3-7.py ===
=
请输入学生学号：20150000089
请输入学生绩点:4
对不起，该学生不具备交换生资格！
>>>
```

图 3-11 例 3-7 的运行结果

3.3 循环结构

编写程序的过程中，需要对某一代码段进行重复执行，这就叫循环。循环主要通过 while 语句和 for 语句实现。

3.3.1 while 语句

while 语句编写循环结构的格式如下：

＜循环变量赋初值＞

while ＜条件表达式＞：

    循环体

＜循环变量再计算＞

[else：

    ＜语句块1＞]

其执行流程如图 3-12 所示。

说明：

（1）该语句中，只要条件表达式为真，循环体代码一直执行，直到条件表达式结果为假则跳出循环。

（2）while 语句通常用在循环次数不确定的循环结构中，通过对循环变量的再计算来改变循环条件表达式的值。

（3）else 语句非强制结构，可以根据情况决定是否添加。详见例 3-8。

【例 3-8】编写一个程序，统计水仙花数的

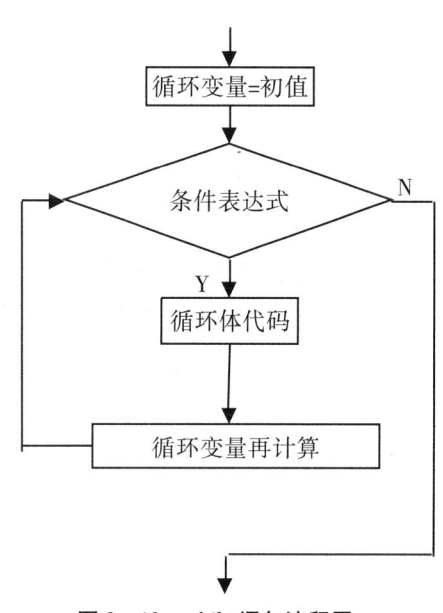

图 3-12 while 语句流程图

个数并求出所有水仙花数（注：水仙花数是指一个3位数，它的每个位上的数字的3次幂之和等于它本身）。

程序代码如下：

```
num = 100                      #循环变量赋初值
i = 0                          #统计个数变量
while num < = 999:
    n100 = num//100            #取出百位上的数
    n10 = (num//10)% 10
    n = num% 10
    if(num = = n100* * 3 + n10* * 3 + n* n* n):
        print("数字这是一个水仙花数")
        i + = 1                #如果是水仙花数，则加1，相当于 i = i + 1
num = num + 1
print("经统计，水仙花数一共有% d 个"% i)
```

最终运行结果如图3-13所示。

```
========================= RESTART: D:/python基础程序/3-8.py =
153是一个水仙花数
370是一个水仙花数
371是一个水仙花数
407是一个水仙花数
经统计，水仙花数一共有4个
>>>
```

图3-13 例3-8的运行结果

3.3.2 for 语句

for 语句编写循环结构的格式如下：

for 变量 in 序列或者迭代对象：
    <循环体>
[else:
    <语句块1>]

其执行流程图如图 3-14 所示。

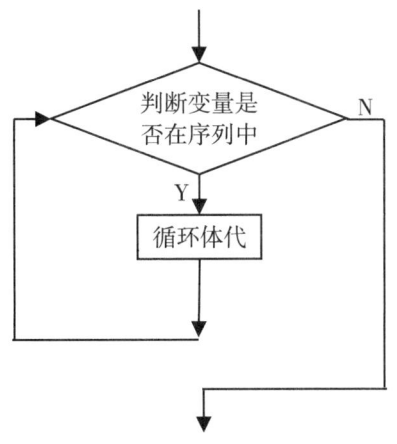

图 3-14 for 语句流程图

说明：

（1）for 循环依次遍历序列或可迭代对象中的所有元素，如 range 对象、列表、元组等。遍历完成，则循环结束。所以 for 循环通常用在循环次数确定的情况。

（2）与 while 语句一样，else 语句非强制结构，可以根据情况决定是否添加。

【例 3-9】计算 1 到 100 所有数之和并输出。

程序代码如下：

```
s = 0
for i in range(1, 101):
    s = s + i
print(s)
```

其运行结果为：5050。

【例 3-10】使用 for 语句实现例 3-8 的要求。

程序代码如下：

```
i = 0                         #统计个数变量
for num in range(100, 1000):
    n100 = num//100           #取出百位上的数
    n10 = (num//10)% 10
    n = num% 10
    if(num = = n100* * 3 + n10* * 3 + n* n* n):
        print("数字这是一个水仙花数")
        i + = 1                #如果是水仙花数，则加1，相当于 i = i + 1
num = num + 1print("水仙花数一共有% d 个"% i)
```

该程序运行结果与例3-8一样。

3.3.3 循环控制语句

有些程序，在循环执行过程中，有时需要忽然中断循环，有时又要跳出循环重新执行，又或者该循环是一个死循环需要结束，此时，可以通过一些控制语句来实现这些功能。主要有 break、continue 和 pass 语句。

break 语句可以使程序提前跳出循环体。它的作用是终止整个循环。当然，当多个循环嵌套时，其只终止它所在的循环。

continue 语句可以使程序直接跳出本轮循环，转而执行下一轮循环。所以，它不终止循环的执行，只是结束一轮循环而已。

pass 语句属于空语句，它并不执行任何操作，一般用来做占位语句，以保持程序结构的完整性。在编写大型程序时，程序员可以在还没有编写代码的部分如某循环体中使用 pass 语句，可以使程序结构完整并正常运行。

【例3-11】例3-7编写的程序每次只能查询一次，请编写新的程序，可以根据用户需求进行查询。

程序代码如下：

```
while True:                              #设置循环条件永远为真
    id = input("请输入学生学号:")
    score = float(input("请输入学生绩点:"))
    if id[4:6] == "05" or id[4:6] == "06":
        if score > 3.7:
            print("该学生具备交换生资格!")
        else:
            print("对不起,该学生不具备交换生资格!")
    else:
        print("对不起,该学生不具备交换生资格!")
    s = input("继续判断吗（y/n):")         #s 为是否继续判断的标志
    if s == "y":
        continue                         #继续判断则跳出此次循环,继续下一次循环
    else:
        break                            #如果否,则跳出整个循环不执行循环了
```

该程序执行结果如图 3-15 所示：

```
======================= RESTART: D:/python基础程序/3-11.py
==
请输入学生学号：20100100010
请输入学生绩点:4
对不起，该学生不具备交换生资格！
继续判断吗（y/n）：y
请输入学生学号：20180605010
请输入学生绩点:4
该学生具备交换生资格！
继续判断吗（y/n）：n
>>>
```

图 3-15　例 3-11 的运行结果

【例 3-12】编写程序实现数字猜谜：生成一个 0 到 50 之间的随机数，然后让用户尝试猜测这个数字。程序给出猜测方向（更大或更小）的提示，用户继续进行猜测，直到用户猜测成功或输入一个 0~50 以外的数字则退出游戏。

程序代码如下：

```python
print('****************************************')
print('*           0到50猜数字游戏              *')
print('****************************************')

import random                                    #导入random
number = random.randint(0, 50)                   #随机生成一个介于0至50的整数
guess = int(input("请输入0至50的数字:"))
while 0 <= guess <= 100:
    if guess > number:
        print("您猜得太高了")
    elif guess < number:
        print("您猜得太低了")
    else:
        print("您猜对了,恭喜您")
        break
    guess = int(input("请输入0至50的数字:"))
else:
    print("你输入的数字超出范围,无法继续,该数字是:", number)
```

该程序运行结果如图 3-16 所示。

```
======================= RESTART: D:/python基础程序/3-12.py ===
*****************************
*          0到50猜数字游戏              *
*****************************
请输入0至50的数字：50
您猜得太高了
请输入0至50的数字：25
您猜得太高了
请输入0至50的数字：15
您猜得太低了
请输入0至50的数字：19
您猜得太高了
请输入0至50的数字：18
您猜得太高了
请输入0至50的数字：17
您猜得太高了
请输入0至50的数字：16
您猜对了，恭喜您
>>>
```

图 3-16　例 3-12 的运行结果

3.3.4　循环嵌套

在实际编程过程中，在一个循环体中允许嵌入另一个循环，这就是循环嵌套。在使用循环嵌套时，while 语句和 for 语句都可以使用，例如：

●方式 1：

while 　<条件表达式>：
for 　<变量> in <序列或可迭代对象>：
　　循环体
　　循环体
<循环变量再计算>

●方式 2：

while 　<条件表达式>：
　　while 　<条件表达式>：
　　循环体
　　　<循环变量再计算>
　　循环体
<循环变量再计算>

以上两种方式循环嵌套方式都是合理法的，可以根据自身状况灵活使用 while 语句和 for 语句。但是需要注意以下几点：

(1) 如果有多个控制变量,外层循环和内层循环的控制变量不能一致,以免造成混淆。

(2) 外层循环和内层循环必须严格执行标准的缩进,以保证逻辑清楚。

(3) 循环嵌套不能交叉,即一个循环体内必须完整包含另一个循环。

【例3-13】编写程序,实现九九乘法表的打印输出。

程序代码如下:

```
for i in range(1, 10):
    for j in range(1, i +1):
        print(str(i) +" * " +str(j) +" = " +str(i* j) +" ", end ="")
print()
```

程序运行结果如图3-17所示。

```
======================= RESTART: D:/python基础程序/3-13.py ============
==
1*1=1
2*1=2  2*2=4
3*1=3  3*2=6  3*3=9
4*1=4  4*2=8  4*3=12  4*4=16
5*1=5  5*2=10  5*3=15  5*4=20  5*5=25
6*1=6  6*2=12  6*3=18  6*4=24  6*5=30  6*6=36
7*1=7  7*2=14  7*3=21  7*4=28  7*5=35  7*6=42  7*7=49
8*1=8  8*2=16  8*3=24  8*4=32  8*5=40  8*6=48  8*7=56  8*8=64
9*1=9  9*2=18  9*3=27  9*4=36  9*5=45  9*6=54  9*7=63  9*8=72  9*9=81
>>>
```

图3-17 例3-13的运行结果

【例3-14】编写程序实现鸡兔同笼问题求解(输入鸡兔总数以及脚的总数,求解鸡和兔各多少只)。

程序代码如下:

```
while True:
    x = int(input("请输入鸡、兔总数:"))
    y = int(input("请输入脚的总数:"))
    if (y% 2 ! = 0 or y < 2* x or y > 4* x):
        print("您输入的数目无解!")
    else:
        for i in range(0, x +1):
            for j in range(0, x +1):
                if(i +j == x and 2* i +4* j == y):
                    print("鸡有% d 只"% i)
```

```
            print("兔有%d只"%j)
    s = input("重新输入吗(y/n):")        #s为是否继续判断的标志
    if s == "y":
        continue                        #继续判断则跳出此次循环,继续下一次循环
    else:
        break
```

该程序运行结果如图3-18所示:

```
py =====
请输入鸡、兔总数:25
请输入脚的总数:30
您输入的数目无解!
重新输入吗(y/n):y
请输入鸡、兔总数:25
请输入脚的总数:90
鸡有5只
兔有20只
重新输入吗(y/n):n
>>>
```

图3-18　例3-14的运行结果

思考与练习

（1）for循环和while循环之间能否互相转换？你认为哪种循环更具优势？

（2）根据提示，编写程序。从键盘输入一个年份，判断该年份是否存在闰年。（闰年判断条件：能被4整除但是不能被100整除或者能被400整除）

（3）编写程序，利用多分支结构实现将成绩从百分制变换到等级制。（条件：>=90为A；80~90为B；70~80为C；60~70为D；<60为E）

（4）编写程序，计算0~1000之间所有单数的和。

（5）编写程序，实现一个猜字谜游戏，该游戏要求如下：生成一个0~100之间的随机数，由用户尝试猜测这个数字。程序给出猜测方向（更大或更小）的提示，用户继续猜测，直到用户成功猜出或输入一个0~100以外的数字则退出游戏。

第 4 章
常用组合数据类型

Python 的数据类型主要分为基本数据类型和组合数据类型。基本数据类型主要包括数字型和布尔型。组合数据类型能够将多个同种类型或不同类型的数据组织起来,具有更强的数据操作功能。根据数据之间的关系,组合数据类型分为序列类型、映射类型和集合类型。

序列类型是一个元素向量,元素之间存在先后关系。常见的序列类型有列表(list)、元组(tuple)和字符串。映射类型是"键—值"数据项的组合,每个元素是一个键值对,字典(dict)是典型的映射类型。集合类型是一个无序的元素集合,集合(set)就是集合类型。

本章主要讲述几种常用的组合数据类型,如列表、元组、字典和集合等,以及这些数据类型的使用方法。

4.1 列表

列表是最常用的组合数据类型,是由若干元素组成的有序可变序列。列表元素可以由任意类型的数据构成,既可以是整数、实数、布尔等基本类型,也可以是字符串、列表、元组、字典、集合以及其他自定义类型。同一个列表中各元素的数据类型可以各不相同。列表可以添加、修改和删除其中的元素。当列表元素增加或删除时,列表对象将自动进行扩展或收缩内存,保证元素之间没有缝隙。

列表是一种十分灵活的数据类型,具有任意的长度、混合类型的能力,并提供了丰富的基础操作符和方法。当程序需要使用组合数据类型管理批量数据时,可使用列表类型。

列表的主要特征有以下几点。

（1）列表是可变的。可以向列表添加元素，也可对已有元素进行修改和删除。

（2）列表是有序的。每个元素的位置是确定的，可以用索引访问每个元素。

（3）列表元素的数据类型是任意的。同一个列表的各元素可以是不同数据类型。

4.1.1 列表的创建

列表的创建是用方括号括起所有元素，元素之间用逗号分隔。若使用一对空的方括号，则创建的是一个空列表。

举例如下：

```
>>> a = ['January', 'February', 'March', 'April']
>>> type(a)                   #使用type函数查看列表类型
<class 'list'>
>>> b == [1997,"年", 7,"月"]    #列表各元素不同类型
>>> c = []                     #创建空列表
```

可以使用list()函数将元组、range对象、字符串或其他迭代对象转换为列表。直接使用list()函数则返回一个空列表。

举例如下：

```
>>> alist = list(range(1, 10))        #将range对象转换为列表
>>> alist
[1, 2, 3, 4, 5, 6, 7, 8, 9]
>>> blist = list("Hello World!")       #将字符串转换为列表
>>> blist
['H', 'e', 'l', 'l', 'o', ' ', 'W', 'o', 'r', 'l', 'd', '!']
>>> clist = list()                     #创建空列表
>>> clist
[]
>>> dlist = list((2, 4, 6, 8, 10))     #将元组转换为列表
>>> dlist
[2, 4, 6, 8, 10]
```

在Python中，如果一个列表的元素也是一个列表，则称为二维列表。例如：

```
>>> elist = [["huawei","xiaomi","apple"], ["china","usa"]]
```

Python对列表嵌套的层数没有限制，但嵌套的层数越多，则处理的复杂度越高。

4.1.2 列表的基本操作

1. 访问列表元素

创建列表后,可以使用整数作为下标来访问其中的元素,其中下标为 0 表示第 1 个元素,下标为 1 表示第 2 个元素,以此类推。列表还可以用负整数作为下标,其中下标为 -1 表示最后一个元素,下标为 -2 表示倒数第 2 个元素,以此类推。列表 test 的双向索引下标如图 4-1 所示。

访问列表元素的格式为:列表名[索引下标]。

如果指定下标超出了范围,则触发异常提示下标越界。

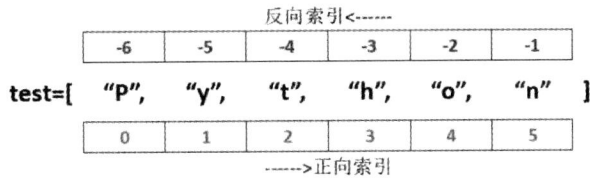

图 4-1 列表双向索引下标示意图

举例如下:

```
>>> test = list("Python")              #创建列表对象
>>> test                                #显示列表
['P', 'y', 't', 'h', 'o', 'n']
>>> test[5]                             #访问下标为 5 的元素
'n'
>>> test[6]                             #访问下标为 6 的元素,触发异常
Traceback (most recent call last):
  File"< stdin >", line 1, in <module >
IndexError: list index out of range
>>> test [-2]                           #访问下标为 -2 的元素
'o'
```

在二维列表中,一级索引下标的含义与普通列表相同。例如,对于列表 test = [["Huawei","china",1],["apple","usa",2],["xiaomi","china",3]],test[0] 表示第一个元素["Huawei","china",1]。列表中的每个列表元素,要使用二级索引下标来表示。例如 test[1][0] 表示第 2 个元素成员的第 1 个元素 "apple"。

举例如下:

```
>>> test = [["Huawei","china", 1], ["apple","usa", 2], ["xiaomi",
"china", 3]]
>>> test[0]
['Huawei', 'china', 1]
>>> test[1][0]
'apple'
```

2. 修改列表元素

可以通过重新赋值修改列表某个元素的值。举例如下：

```
>>> test = [1997,"年", 6,"月"]
>>> test[2] =10
>>> test
[1997, '年', 10, '月']
```

3. 移除列表元素

使用 del 命令可以移除列表元素。举例如下：

```
>>> test = [1997,"年", 6,"月"]
>>> del test[2]
>>> test
[1997, '年', '月']
```

4. 删除列表

当一个列表不再使用时，可以使用 del 命令将其删除。举例如下：

```
>>> test = [1997,"年", 6,"月"]
>>> del test                          #删除 blist 列表对象
>>> test
Traceback (most recent call last):     #对象删除后无法再访问，触发异常
  File" <pyshell#59 >", line 1, in <module >
    test
NameError: name 'test' is not defined
```

5. 遍历列表

列表创建后，逐一访问列表的元素称为列表的遍历。由于列表中一般有多个元素，遍历列表通常需要使用循环结构。一般来讲，有四种遍历列表元素的方法。

(1) 使用 in 运算符遍历。

(2) 使用 range() 或 xrange() 函数遍历。

(3) 使用 iter() 函数遍历。

iter() 是一个迭代器函数,iter() 函数的格式为:iter(object)。

其中,object 为支持迭代的数据对象。

(4) 使用 enumerate() 函数遍历。

enumerate() 函数用于将一个可迭代(可遍历)的数据对象(如列表、元组或字符串)组合为一个索引序列,利用它可以同时获得数据元素和元素的索引下标,一般用在 for 循环当中。enumerate 函数的格式为:enumerate(sequence [, start=0]),其中 sequence 为一个序列、迭代器或其他支持迭代对象,start 为可选参数,表示下标起始位置,默认为 0。

【例 4-1】采用不同方法遍历列表元素举例。代码如下:

```
xlist = ["201921235","yuki", 18,"guangdong"]
print("方法1:用 in 操作符")
for item in xlist:
    print(item, end=" ")
print()

print("方法2:用 range()或 xrange()函数")
listLen = len(xlist)
for i in range(listLen):
    print(xlist[i], end=" ")
print()

print("方法3:使用迭代器函数 iter()")
for item in iter(xlist):
    print(item, end=" ")
print()

print("方法4:使用 enumerate()函数")
for index, item in enumerate(xlist):
    print(index, item)
```

程序运行结果如图 4-2 所示。

```
方法1:用in操作符
201921235 yuki 18 guangdong
方法2:用range()或xrange()函数
201921235 yuki 18 guangdong
方法3:使用迭代器函数iter()
201921235 yuki 18 guangdong
方法4:使用enumerate()函数
0 201921235
1 yuki
2 18
3 guangdong
>>>
```

图 4-2 例 4-1 的运行结果

4.1.3 列表常用方法

列表、元组、字典、集合有很多操作是通用的,而不同类型的对象又有一些特有的方法或者特有的运算。列表常用方法见表 4-1。

表 4-1 列表常用方法

方法	说明
append(x)	将 x 追加到列表尾部
extend(l)	将列表 l 的所有元素追加到列表尾部
insert(index, x)	在列表 index 位置插入 x,该位置后面所有元素后移并且在列表中的索引加 1
remove(x)	在列表中移除第一个值为 x 的元素,该元素之后所有元素前移并且索引减 1;如果列表中不存在 x,则抛出异常
pop(index)	移除并返回列表中下标为 index 的元素,如果不指定 index 则默认为 -1,弹出最后一个元素;如果弹出中间位置的元素,则后面的元素索引减 1
clear()	清空列表,移除列表中的所有元素,保留列表对象
index(x)	返回列表中第一个值为 x 的元素的索引,若不存在值为 x 的元素,则触发异常
count(x)	返回 x 在列表中出现的次数
sort(key = None, reverse = False)	对列表中的元素进行原地排序,key 用来指定排序规则,reverse 为 False 表示升序,True 表示降序
reverse(x)	对列表所有元素进行原地逆序,首尾互换
copy()	返回列表的浅复制

当列表增加或删除元素时,列表对象自动进行内存的扩展或收缩,从而保证相邻元素之间没有缝隙。Python 列表的这个内存自动管理功能可以极大减少程序员的负担,但插入和删除非尾部元素时涉及列表中大量元素的移动,会严重影响效率。另外,在非尾部位置插入或删除元素时会改变该位置后面元素在列表中的索引,这对某些操作可能会产生意外的错误结果。因此,非必要的情况下,一般应从列表尾部进行元素的追加和删除操作。

1. 增加列表元素的方法

append()方法原地修改列表,直接在列表尾部添加元素,速度较快,也是推荐使用的方法。举例如下:

```
>>> alist = [10, 20, 30]
>>> alist
[10, 20, 30]
>>> alist.append(100)
>>> alist
[10, 20, 30, 100]
```

insert()方法可以在列表的任意位置插入元素,但由于列表的自动内存管理功能,insert()方法会涉及插入位置之后所有元素的移动,因此影响处理速度。所以应尽量避免在列表中间位置插入或删除元素。举例如下:

```
>>> alist = [10, 20, 30]
>>> alist.insert(2,"Python")
>>> alist
[10, 20, 'Python', 30]
```

【例 4-2】比较列表 insert()方法和 append()方法处理速度举例。代码如下:

```
import time                    #引入 time 模块
a = []
start1 = time.time()            #函数 time.time() 获取当前时间戳
for i in range(100000):         #使用 insert 方法向列表 a 中插入多个元素
    a.insert(0, i)
print("Insert:", time.time() - start1)
b = []
start2 = time.time()
for i in range(100000):         #使用 append 方法向列表 b 添加多个元素
    b.append(i)
print("Append:", time.time() - start2)
```

运行结果如图 4-3 所示，可以看到两个方法的速度有很大差异，并且列表越长，速度差越大。

```
========================= RESTART: C:\Python37\T4.02.PY =========================
Insert: 2.3015105724334717
Append: 0.0094020366666870117
>>>
```

图 4-3　例 4-2 的运行结果

extend（）方法可以将另一个列表的所有元素追加到当前列表尾部，即用一个列表扩展已有的列表。通过 extend（）方法增加列表元素，不改变列表内存首地址，属于原地操作。举例如下：

```
>>> blist = [1, 3, 5, 7, 9]
>>> id(blist)
2347955293576
>>> clist = list("hello")
>>> clist
['h', 'e', 'l', 'l', 'o']
>>> blist.extend(clist)
>>> blist
[1, 3, 5, 7, 9, 'h', 'e', 'l', 'l', 'o']
>>> id(blist)
2347955293576
```

2. 移除列表元素的方法

pop（）方法移除并返回指定位置（默认最后一个）上的元素。如果指定位置不是合法的索引则触发异常；对空列表调用 pop（）方法，也会触发异常。

remove（）方法移除列表中第一个与指定值相等的元素，若列表中不存在该元素则触发异常。

clear（）方法可清空列表中的所有元素。

这三个方法都属于原地操作，不影响列表对象的内存地址。使用 del 命令也可以移除列表中指定位置的元素。

举例如下：

```
>>> xlist = [10, 20, 30, 40, 20, 30, 50]
>>> xlist.pop()                    #pop() 移除并返回最后一个元素
50
>>> xlist
[10, 20, 30, 40, 20, 30]
>>> xlist.pop(1)                   #移除下标为1的元素
20
>>> xlist
[10, 30, 40, 20, 30]
>>> xlist.remove(30)               #移除值为30的元素
>>> xlist
[10, 40, 20, 30]
>>> del xlist[0]                   #使用del命令移除0下标的元素
>>> xlist
[40, 20, 30]
    >>> xlist.clear()              #清空整个列表
>>> xlist.pop()                    #pop() 方法触发异常
Traceback(most recent call last):
  File"<stdin>", line 1, in <module>
IndexError: pop from empty list
```

当需要移除列表中所有等于指定值的元素时，一般会使用"循环 + remove（）"的方法。例4-3代码运行没有出错，但结果却是错的。

【例4-3】移除列表中所有值为1的元素的错误示例。代码如下：

```
xlist = [1, 2, 3, 2, 1, 1, 3, 8, 1]
print("xlist:", xlist)
for i in xlist:
    if i == 1:
        xlist.remove(i)
print("after:", xlist)
```

运行结果如图4-4所示。该程序运行没有问题，但程序代码的逻辑是错误的，当出现有连续的值1时，循环结束，不能把所有值为1的元素都移除。

```
======================= RESTART: C:/Python37/T4.03.py =======================
xlist: [1, 2, 3, 2, 1, 1, 3, 8, 1]
after: [2, 3, 2, 3, 8, 1]
>>>
```

图 4-4 例 4-3 的运行结果

出现此问题的原因是列表具有自动内存管理功能。每当插入或移除一个元素后，该元素位置后面所有元素的索引就都改变了。

【例 4-4】将列表中所有值等于 1 的元素移除的正确示例。代码如下：

```python
ylist = [1, 2, 3, 2, 1, 1, 3, 8, 1]
print("ylist:", ylist)
for i in ylist[::]:              #使用切片
    if i == 1:
        ylist.remove(i)
print("after:", ylist)
```

运行结果如图 4-5 所示。

```
======================= RESTART: C:/Python37/T4.04.py =======================
ylist: [1, 2, 3, 2, 1, 1, 3, 8, 1]
after: [2, 3, 2, 3, 8]
>>>
```

图 4-5 例 4-4 的运行结果

3. 统计元素出现次数方法

count（）方法返回列表中指定元素出现的次数，如果元素不存在，则返回 0。举例如下：

```
>>> zlist = [1, 2, 2, 3, 3, 3, 4, 4, 4, 4]
>>> zlist.count(3)
3
>>> zlist.count(5)
0
```

4. 返回元素首次出现位置方法

index（）方法返回指定元素在列表中首次出现的位置，如果该元素不在列表中则触发异常。举例如下：

```
>>> zlist = [1, 2, 2, 3, 3, 3, 4, 4, 4, 4]
>>> zlist.index(4)
6
>>> zlist.index(5)
Traceback (most recent call last):
  File"<stdin>", line 1, in <module>
ValueError: 5 is not in list
```

列表对象的很多方法在特殊情况下会触发异常，为避免引发异常而导致程序崩溃，一般来说有两种方法：①使用选择结构确保列表中存在指定元素，然后再调用有关的方法；②使用异常处理结构。

5. 列表元素的排序方法

sort() 方法用于按照指定的规则对所有元素进行排序，默认规则是所有元素从小到大升序排序。使用 reverse 参数，可指明是否要降序排序，当 reverse = True 时，表示降序排序。

reverse() 方法用于将列表所有元素逆序或翻转，第一个元素与最后一个元素交换位置，第二个元素与倒数第二个元素交换位置，以此类推。

sort() 方法和 reverse() 方法分别对列表进行原地排序和逆序，都没有返回值。

举例如下：

```
>>> xlist = list(range(10))
>>> xlist
[0, 1, 2, 3, 4, 5, 6, 7, 8, 9]
>>> import random                #引入 random 模块
>>> random.shuffle(xlist)        #调用 shuffle 方法将 xlist 随机乱序
>>> xlist
[4, 6, 0, 9, 8, 5, 2, 1, 7, 3]
>>> xlist.reverse()
>>> xlist
[3, 7, 1, 2, 5, 8, 9, 0, 6, 4]
>>> xlist.sort()
>>> xlist
[0, 1, 2, 3, 4, 5, 6, 7, 8, 9]
>>> xlist.sort(reverse = True)
>>> xlist
[9, 8, 7, 6, 5, 4, 3, 2, 1, 0]
```

如果不想丢失列表原来的顺序，可以使用 Python 内置函数 sorted（）和 reversed（）。其中内置函数 sorted（）返回排序后的新列表，参数 key 和 reverse 的含义与列表方法 sort（）完全相同；内置函数 reversed（）返回一个反转的迭代器。举例如下：

```
>>> xlist = list(range(10))
>>> random.shuffle(xlist)
>>> xlist
[6, 3, 2, 7, 1, 8, 0, 5, 9, 4]
>>> ylist = sorted(xlist)
>>> xlist
[6, 3, 2, 7, 1, 8, 0, 5, 9, 4]
>>> ylist
[0, 1, 2, 3, 4, 5, 6, 7, 8, 9]
>>> z = reversed(ylist)
>>> z
<list_reverseiterator object at 0x00000222A62CA708>
>>> zlist = list(z)
>>> zlist
[9, 8, 7, 6, 5, 4, 3, 2, 1, 0]
```

6. 列表元素的浅复制和深复制

（1）列表的浅复制。

列表的浅复制，是指生成一个新的列表，并且把原列表中所有元素的引用都复制到新列表中。当列表只包含数值型等基本数据类型或字符串、元组等不可变类型的数据时，浅复制会直接创建新的地址空间用以保存，修改原列表不会影响新列表中的数据。当列表中存在可变数据类型如列表、集合和字典时，由于浅复制只是将子元素的引用复制到新列表中，若修改原列表中的可变对象（列表、集合和字典），就会影响新列表中的数据。列表对象的 copy（）方法和标准库 copy 中的 copy（）函数都返回列表的浅复制。举例如下：

```
>>> import copy
>>> a = [1, 2, 3, [10, 20]]
>>> b = a.copy()
>>> c = copy.copy(a)
>>> print(id(a), id(b), id(c))
63866229576 63827651720 63827650824
```

```
>>> print(id(a[3]), id(b[3]), id(c[3]))
63866229064 63866229064 63866229064
>>> a[3].append(30)
>>> print(a)
[1, 2, 3, [10, 20, 30]]
>>> print(b)
[1, 2, 3, [10, 20, 30]]
>>> print(c)
[1, 2, 3, [10, 20, 30]]
```

（2）列表的深复制。

列表的深复制是指直接新建一个内存空间将原列表的所有内容全部复制，新列表和原列表相互独立，修改任何一个都不会影响另一个。标准库 copy 中的 deepcopy（）函数可实现列表的深复制。举例如下：

```
>>> import copy
>>> a = [1, 2, 3, [10, 20]]
>>> d = copy.deepcopy(a)
>>> print(id(a), id(d))
63827549832 63866230536
>>> print(id(a[3]), id(d[3]))
63874963848 63827652232
>>> a[3].append(30)
>>> a
[1, 2, 3, [10, 20, 30]]
>>> d
[1, 2, 3, [10, 20]]
```

4.1.4 列表操作符

1. 加法运算符

加法运算符"＋"可以实现增加列表元素，返回新列表，并涉及大量元素的复制，效率较低。但使用复合赋值符"＋＝"实现列表追加元素属于原地操作，与 append（）方法一样高效。举例如下：

```
>>> xlist = ["hello","world","python"]
>>> id(xlist)                    #xlist 的初始内存地址
2122872476232
>>> xlist + [10]                 #xlist 参与+运算，返回元素之和
['hello', 'world', 'python', 10]
>>> xlist                        #xlist 本身并没改变
["hello","world","python"]
>>> id(xlist)                    #xlist 的初始内存地址不变
2122872476232
>>> xlist = xlist + [10]         #联结两个列表，又赋值给 xlist
>>> xlist
['hello', 'world', 'python', 10]
>>> id(xlist)                    #内存地址发生改变
2122903027208
>>> xlist += [100]               #使用复合赋值运算符
>>> xlist
['hello', 'world', 'python', 10, 100]
>>> id(xlist)                    #内存地址没有改变
2122903027208
```

2. 乘法运算符

乘法运算符"*"可以用于列表和整数相乘，表示列表重复，并返回新列表。另外，复合赋值运算符"*="也可用于列表元素重复，属于原地操作。举例如下：

```
>>> xlist = ["hello"]
>>> id(xlist)
1050192335496
>>> xlist * 2
['hello', 'hello']
>>> id(xlist)
1050192335496
>>> xlist = xlist * 2
>>> xlist
['hello', 'hello']
```

```
>>> id(xlist)
1050201365256
>>> xlist* =2
>>> xlist
['hello', 'hello', 'hello', 'hello']
>>> id(xlist)
1050201365256
>>> xlist = xlist* 0          #xlist重复0次,赋值给xlist
>>> xlist
[]
```

3. 成员运算符

in 运算符可以判断一个值是否存在一个列表中,存在返回 True,否则返回 False。not in 正好相反,用于判断某个值是否不在一个列表中。in 和 not in 也可以用于其他可迭代对象,包括元组、字典、range 对象、字符串、集合等,常用在循环语句中对序列或其他可迭代对象中的元素进行遍历。使用这种方法可以减少代码的输入量、简化程序员的工作,并大幅提高程序的可读性。举例如下:

```
>>> xlist = [0, 1, 2, 3, 4]
>>> 2 in xlist
True
>>> "2" in xlist
False
>>> 5 in xlist
False
>>> 5 not in xlist
True
>>> for x in xlist:
print (x, end=" ")

0  1  2  3  4
```

也可以使用 count() 方法判断列表中是否存在指定的值。如果列表中存在该值,则返回值大于 0;如果不存在,则返回 0。

4.1.5 内置函数对列表的操作

除了列表对象自身方法之外,很多 Python 内置函数也可以对列表进行操作。表 4-2 是部分可对列表操作的内置函数。

表4-2 Python 部分内置函数

函数名	说 明
len（list1）	返回列表元素个数
max（list1）	返回列表元素最大值
min（list1）	返回列表元素最小值
sum（list1）	对数值型列表元素进行求和元素
list（seq）	列表的构造函数,将其他可迭代对象转换为列表

函数说明：

①len（list1）意为返回列表中元素的个数。同样适用于元组、字符串、range 对象、字典、集合等各种可迭代对象。

②max（list1）、min（list1）意为返回列表中的最大、最小元素。同样适用于元组、字符串、range 对象、字典、集合等各种可迭代对象。这两个函数要求所有元素之间可以比较大小。

③sum（list1）意为对数值型列表的元素进行求和运算,对非数值型列表运算则会出错。同样适用于元组、集合、字典等可迭代对象。

举例如下：

```
>>> xlist = list(range(1, 20, 3))
>>> xlist
[1, 4, 7, 10, 13, 16, 19]
>>> import random
>>> random.shuffle(xlist)            #打乱列表中元素的顺序
>>> xlist
[16, 7, 4, 19, 10, 1, 13]
>>> len(xlist), max(xlist), min(xlist), sum(xlist)
(7, 19, 1, 70)
>>> ylist = list("hello")
>>> ylist
['h', 'e', 'l', 'l', 'o']
```

```
>>> len(ylist), max(ylist), min(ylist)
(5, 'o', 'e')
>>> sum(ylist)              #字符无法求和，触发异常
Traceback(most recent call last):
  File"<stdin>", line 1, in <module>
TypeError: unsupported operand type(s)for +: 'int' and 'str'
```

4.1.6 切片操作

切片是 Python 序列的重要操作之一，除了适用于列表之外，还适用于元组、字符串、range 对象。使用切片操作不仅可以截取列表的任意部分得到一个新列表，还可以修改或删除列表中的部分元素，为列表增加元素。

切片格式：[start：end：step]。

格式说明：

① start 为切片开始的位置，默认为 0；end 为切片截至的位置（该元素不包括在切片内），默认为列表长度；step 表示切片的步长，默认为 1。当 step 为负数时，表示反向切片。

② start 为 0 时，可以省略；end 为列表长度时可以省略；step 为 1 时可以省略。

③省略步长时可同时省略最后一个冒号。

1. 获取列表的部分元素

使用切片可以返回列表的部分元素组成新列表。切片操作不会因为下标越界触发异常，而是简单地在列表尾部截断或者返回一个空列表。举例如下：

```
>>> xlist = list(range (0, 10))
>>> xlist
[0, 1, 2, 3, 4, 5, 6, 7, 8, 9]
>>> xlist[::]
[0, 1, 2, 3, 4, 5, 6, 7, 8, 9]
>>> xlist[:: -1]
[9, 8, 7, 6, 5, 4, 3, 2, 1, 0]
>>> xlist
[0, 1, 2, 3, 4, 5, 6, 7, 8, 9]
>>> xlist[0: 8: 2]
[0, 2, 4, 6]
>>> xlist[1:: 3]
[1, 4, 7]
```

```
>>> xlist[1: 100: 3]
[1, 4, 7]
>>> xlist
[0, 1, 2, 3, 4, 5, 6, 7, 8, 9]
>>> xlist[100]
Traceback(most recent call last):
  File" <pyshell#10 >", line 1, in <module >
    xlist[100]
IndexError: list index out of range
>>> xlist[100::]
[]
```

2. 增加列表元素

使用切片和赋值语句，可以在列表任意位置插入新元素，不影响列表对象的内存地址，属于原地操作。举例如下：

```
>>> xlist = ['g', 'd', 'u', 'f', 's']
>>> id(xlist)
1981399467976
>>> xlist[len (xlist):]
[]
>>> xlist[len (xlist):] = [9, 10]          #在列表尾部增加元素
>>> xlist
['g', 'd', 'u', 'f', 's', 9, 10]
>>> id(xlist)                               #列表内存首地址不变
1981399467976
>>> xlist[: 0] = [1, 2]                     #在列表头部增加元素
>>> xlist
[1, 2, 'g', 'd', 'u', 'f', 's', 9, 10]
>>> id(xlist)                               #列表内存首地址不变
1981399467976
>>> xlist[4: 4] = [" abc"]                  #在列表中间位置插入元素
>>> xlist
[1, 2, 'g', 'd', 'abc', 'u', 'f', 's', 9, 10]
```

3. 修改列表中的元素

使用切片和赋值语句可修改列表中任意元素的值。举例如下：

```
>>> ylist = [3, 5, 7, 9, 11, 13]
>>> ylist[: 3] = ["a","b"]
>>> ylist
['a', 'b', 9, 11, 13]
>>> ylist[:: 2] = [0] * 4Traceback (most recent call last):
  File" <stdin>", line 1, in <module>
ValueError: attempt to assign sequence of size 4 to extended slice of size 3
>>> ylist[:: 2] = [0] * 3
>>> ylist
[0, 'b', 0, 11, 0]
```

4. 删除列表中的元素

使用切片和赋值语句可删除列表中的元素。举例如下：

```
>>> ylist = [3, 5, 7, 9, 11, 13]
>>> ylist[: 3] = []              #切片将前3个元素删除
>>> ylist
[9, 11, 13]
```

也可以使用 del 命令与切片结合来删除列表中的部分元素。举例如下：

```
>>> ylist = [3, 5, 7, 9, 11, 13]
>>> del ylist[:: 2]              #每隔一个删除 ylist 的元素
>>> ylist
[5, 9, 13]
>>> del ylist[: 2]               #删除列表的前两个元素
>>> ylist
[13]
```

4.1.7 列表应用举例

【例 4-5】编写一个简易购物车程序。实现的主要功能如下：

（1）运行程序后，首先要求用户输入购物资金总额，然后打印商品列表。

（2）允许用户根据商品编号购买商品。

(3) 用户选购商品后,检查余额是否足够。足够就加入购物列表,然后扣款;不足则输出提示信息。

(4) 可随时退出购物程序。退出时,打印已购商品清单和余额。

(5) 设计分析:定义一个列表存放在售商品,另定义一个空列表,用来存放已购商品。用户选购商品后,判断余额是否足够,足够则将选购的商品添加到购物列表,不足则输出提示信息,让用户重新选择。

代码如下:

```python
#定义商品列表goods
goods = [("Mobile", 2000), ("Computer", 4600), ("Printer", 600), ("NoteBook", 20), ("Pen", 10)]
#定义购物车列表choice_goods
choice_goods = []
amount = float(input("请输入您的购物金额:"))
while True:
    #显示商品列表
    i = 0
    for item in goods:
        print(i,":", item)
        i = i + 1
    choice = input("请选择商品(0 - 4),退出请输入(Q/q):")
    #判断输入是否为数字字符
    if choice.isdigit():
        choice = int(choice)
        #输入数字在商品编号范围内时:
        if 0 <= choice <= len(goods):
            choice_tmp = goods[choice]
            #判断购物金额是否足够
            if choice_tmp[1] <= amount:
                #足够,则加入购物车
                choice_goods.append(choice_tmp)
                #修改购物余额
                amount = amount - choice_tmp[1]
                print("您选购的商品% s 已放入购物车,现有余额% s"%(choice_tmp[0], amount))
```

```
            else:
                print("您的购物余额不足!现有余额%s"% amount)
        else:
            print("您选择的商品不存在,请重新选择!")
    else:
        #判断输入字符是否为Q/q
        if choice.upper()=="Q":
            print(" ----------------购物清单----------------")
            i=0
            choice_sum=0
            #输出购物清单
            for item in choice_goods:
                print(i,":", item)
                choice_sum+=item[1]
                i=i+1
            print("您共购买了%s件商品,总金额为%s,购物余额%s"%(i, choice_sum, amount))
            print(" ----------------购物清单----------------")
            break
        else:
            print("您的输入有误,请重新输入!")
```

程序的运行结果如图4-6所示。

```
请输入您的购物金额:3000
0 : ('Mobile', 2000)
1 : ('Computer', 4600)
2 : ('Printer', 600)
3 : ('NoteBook', 20)
4 : ('Pen', 10)
请选择商品(0-4),退出请输入(Q/q):1
您的购物余额不足！现有余额3000.0
0 : ('Mobile', 2000)
1 : ('Computer', 4600)
2 : ('Printer', 600)
3 : ('NoteBook', 20)
4 : ('Pen', 10)
请选择商品(0-4),退出请输入(Q/q):0
您选购的商品Mobile已放入购物车,现有余额1000.0
0 : ('Mobile', 2000)
1 : ('Computer', 4600)
2 : ('Printer', 600)
3 : ('NoteBook', 20)
4 : ('Pen', 10)
请选择商品(0-4),退出请输入(Q/q):2
您选购的商品Printer已放入购物车,现有余额400.0
0 : ('Mobile', 2000)
1 : ('Computer', 4600)
2 : ('Printer', 600)
3 : ('NoteBook', 20)
4 : ('Pen', 10)
请选择商品(0-4),退出请输入(Q/q):q
---------------------购物清单---------------------
0 : ('Mobile', 2000)
1 : ('Printer', 600)
您共购买了2件商品,总金额为2600,购物余额400.0
---------------------谢谢惠顾---------------------
>>>
```

图4-6 例4-5的运行结果

4.2 元组

元组（tuple）是序列类型中比较特殊的数据类型。与列表类似，元组可以存储多个不同类型元素。不同的是，元组属于不可变序列。元组创建后不能做任何修改，所以不可以修改其元素的值，也无法增加或删除元素。因此元组中没有 append（）、extend（）、insert（）、pop（）和 remove（）等方法。

Python 内部对元组做了大量优化，访问速度比列表更快。元组在内部实现上不允许修改其元素值，从而使代码更安全。

4.2.1 元组的创建

元组的定义是用一对小括号将以逗号分隔的若干数据元素括起来。元组中元素的数据类型可以不同，使用"="将一个元组赋值给变量，就可以创建一个元组变量。如果创建只包含一个元素的元组，必须在元素后面增加一个逗号。使用 tuple（）函数可以把一个列表、字符串或 range 对象转换为元组。

举例如下:

```
>>> atuple = ("hello","wolrd","python")
>>> atuple
('hello', 'wolrd', 'python')
>>> btuple = ()                          #空元组
>>> btuple
()
>>> ctuple = tuple("gdufs")              #调用构造函数,由字符串创建元组
>>> ctuple
('g', 'd', 'u', 'f', 's')
>>> dtuple = tuple(range(5))             #由 range 对象创建元组
>>> dtuple
(0, 1, 2, 3, 4)
>>> etuple = tuple()                     #空元组
>>> etuple
()
>>> ftuple = tuple([1, 2, 3])            #由列表创建元组
>>> ftuple
(1, 2, 3)
>>> x = 3                                #将 3 赋值给变量 x
>>> y = (3)
>>> z = (3,)                             #定义只包含一个元素的元组
>>> type(x), type(y), type(z)            #用 type() 函数查看变量类型
(<class 'int'>, <class 'int'>, <class 'tuple'>)
>>> z = 3,                               #将只有一个元素的元组赋值给 z
>>> z
(3,)
```

4.2.2 元组的基本操作

1. 访问元组元素

和列表相同,元组也属于有序序列,也支持使用双向索引访问其中的元素。但元组属于不可变序列,因此可以把元组看作"常量列表"。

元组内元素的访问和切片与列表一致。通过单个索引可以获得该索引位置的元素,但是只能读,不能修改。通过切片,可以获得由若干个元素构成的子元组。举例如下:

```
>>> atuple = ('hello', 'world', 'python')
>>> atuple[0]              #访问元组的第一个元素
'hello'
>>> atuple[:2]             #使用切片访问元组的前两个元素
('hello' 'world')
>>> atuple[0] =10          #给元组的第一个元素赋值,抛出异常
Traceback (most recent call last):
  File"<stdin>", line 1, in <module>
TypeError: 'tuple' object does not support item assignment
>>> for item in atuple:    #遍历元组
    print (item)


hello
world
python
```

2. 删除元组

元组中的元素是不允许删除的,使用 del 命令可删除整个元组对象。举例如下:

```
>>> xtuple = (1, 2, 3)
>>> del xtuple [0]
Traceback(most recent call last):
  File"<stdin>", line 1, in <module>
TypeError: 'tuple' object doesn't support item deletion
>>> del xtuple
```

4.2.3 元组运算符

和列表相同,元组之间也可以使用 + 号和 * 号进行运算,运算后会生成一个新的元组。可以使用 in/not in 判断一个元素是否在元组中。Python 的内置函数如 len()、max()、min() 和 sum() 等,也可以对元组进行操作。举例如下:

```
>>> xtuple = (1, 2, 3)
>>> ytuple = ("hello","world")
>>> xtuple + ytuple                          #元组相加
(1, 2, 3, 'hello', 'world')
>>> xtuple* 2                                #元组相乘
(1, 2, 3, 1, 2, 3)
>>> 2 in xtuple
True
>>> ztuple = (20, 14, 21, 10, 6)
>>> len(ztuple), max(ztuple), min(ztuple), sum(ztuple)
(5, 21, 6, 71)
```

4.2.4 元组和列表的区别

元组和列表都属于序列，都可以按照特定顺序存放一组元素，类型不受限制。列表和元组的区别主要有以下几个方面。

①列表属于可变序列，其元素可以随时修改或删除；元组属于不可变序列，其元素不可以修改。

②列表具有 append( )、extend( )、insert( )、remove( ) 和 pop( ) 等方法实现添加和修改列表元素；元组则没有这几个方法，不能添加和修改元素，同样不能删除元素。

③列表可以使用切片访问和修改列表中的元素；元组也支持切片，但只支持通过切片访问元组中的元素，不支持修改。

④元组的访问和处理速度比列表快。

⑤列表不能作为字典的键，而元组可以。

4.2.5 元组应用举例

【例 4-6】编写一个 Python 程序，模拟扑克牌游戏的发牌，一副牌 54 张，发给 3 位游戏玩家。

设计分析：一副扑克牌的牌面是固定的，共 54 张，除去大小王，其余 52 张牌由 13 个数字和 4 种花色组成，因此可以使用元组定义牌面。分别定义 1 个元组存放 13 个数字和 4 种花色，然后组合成具有 52 张牌的列表，再加上大小王；采用随机数将牌打乱，然后依次分发给 3 位玩家；最后输出结果。

代码如下：

```python
import random

#定义牌面的数字元组和花色元组
digit = ("2","3","4","5","6","7","8","9","10","J","Q","K","A")
colors = ("方块"," 梅花","红桃","黑桃")
#定义扑克牌列表,并生成52张牌面
poker = []
for c in colors:
    for d in digit:
        poker.append((c, d))
poker.append(("大王","大"))
poker.append(("小王","小"))

#利用随机函数,打乱扑克牌顺序
pokerRand = random.sample(poker, 54)

#定义3个玩家列表
player1 = []
player2 = []
player3 = []

#按顺序将牌发给3位玩家
for i in range(18):
    player1.append(pokerRand.pop())
    player2.append(pokerRand.pop())
    player3.append(pokerRand.pop())
#按花色对每个玩家的牌排序
player1.sort()
player2.sort()
player3.sort()
#输出玩家的牌,每行输出6个
print(" \n 玩家1的牌:")
i = 1
for item in player1:
    print(item, end = ",")
```

```
        if i % 6 == 0:
            print()
        i += 1

print("\n玩家 2 的牌:")
i = 1
for item in player2:
    print(item, end = ",")
    if i % 6 == 0:
        print()
    i += 1

print("\n玩家 3 的牌:")
i = 1
for item in player3:
    print(item, end = ",")
    if i % 6 == 0:
        print()
    i += 1
```

程序的运行结果如图 4-7 所示。

```
========================= RESTART: C:/Python37/T4.6.py =========================
玩家1的牌:
('方块', '10'),('方块', '3'),('方块', '7'),('梅花', '5'),('梅花', '7'),('梅花', 'A'),
('梅花', 'Q'),('红桃', '3'),('红桃', '4'),('红桃', '8'),('红桃', '9'),('红桃', 'A'),
('红桃', 'K'),('黑桃', '2'),('黑桃', '3'),('黑桃', '4'),('黑桃', '7'),('黑桃', 'A'),
玩家2的牌:
('大王', '大'),('小王', '小'),('方块', '2'),('方块', '4'),('方块', '8'),('方块', '9'),
('方块', 'A'),('方块', 'J'),('方块', 'Q'),('梅花', '3'),('梅花', '4'),('梅花', 'K'),
('红桃', '2'),('红桃', '5'),('红桃', 'J'),('红桃', 'Q'),('黑桃', 'K'),('黑桃', 'Q'),
玩家3的牌:
('方块', '5'),('方块', '6'),('方块', 'K'),('梅花', '10'),('梅花', '2'),('梅花', '6'),
('梅花', '8'),('梅花', '9'),('梅花', 'J'),('红桃', '10'),('红桃', '6'),('红桃', '7'),
('黑桃', '10'),('黑桃', '5'),('黑桃', '6'),('黑桃', '8'),('黑桃', '9'),('黑桃', 'J'),
>>>
```

图 4-7 例 4-6 的运行结果

4.3 字典

字典(dict)是包含若干"键:值"元素的无序可变容器,字典中的每个元素包含用冒号分隔开的"键"和"值"两部分,表示一种映射或对应关系。字典是 Python 语言中唯一的映射类型,可用来实现通过数据查找关联数据的功能。映射关系中,键(key)和值(value)是一一对应的关系。

字典中的"值"没有特定的顺序,因此不能像序列那样通过位置索引来查找元素数据。但是每个"值"都有一个对应的"键",字典的用法是通过"键"来访问相应的"值"。

字典元素的"键"可以是 Python 中任意不可变数据,如整数、实数、复数、字符串、元组等,但不能是列表、集合、字典或其他可变类型。而"键"对应的"值"可以是任意的数据类型。另外,字典中"键"必须是唯一的,而"值"是可以重复的。

4.3.1 字典的创建

定义字典时,每个元素的"键"和"值"用冒号分隔,不同元素之间用逗号分隔,所有的元素放在一对大括号"{}"中。如果大括号中没有元素,表示一个空字典。

举例如下:

```
>>> adict = {"Tom": 87,"Jack": 95}
>>> adict
>>> adict
{'Tom': 87, 'Jack': 95}
>>> bdict = {}                        #定义空字典
```

可以使用函数 dict(),根据给定的"键—值"数据项创建字典。通过关键字的形式创建字典时,键只能为字符串,并且字符串不用加引号。

举例如下:

```
>>> keys = ['a', 'b', 'c', 'd']
>>> values = [80, 90, 95, 100]
>>> cdict = dict(zip(keys, values))        #根据已有数据创建字典
>>> cdict
{'a': 80, 'b': 90, 'c': 95, 'd': 100}
>>> ddict = dict(name = "Tom", age = 18)
>>> ddict
{'name': 'Tom', 'age': 18}
```

字典有如下特性：

①字典键必须不可变，可以用数字、字符串或元组等类型数据，但不能用列表、集合等可变类型数据。

②不允许同一个键出现两次。创建字典时如果同一个键被赋值两次，后一个值会覆盖前面的值。

③值可以是任何 Python 对象。

举例如下：

```
>>> edict = { ["name"]:"Jack","age": 17}        #定义字典键为列表时
Traceback(most recent call last):
  File" <pyshell#5>", line 1, in <module>
    edict ={["name"]:"Jack","age": 17}
TypeError: unhashable type: 'list'
>>> edict ={"name":"Jack","age": 18,"name":"Tom"}
>>> edict
{'name': 'Tom', 'age': 18}
```

字典的基本操作方法如下：

1. 访问字典元素

可以使用下标的方式来访问字典中的元素，不同于列表和元组的下标必须为整数，字典的下标是字典的"键"。使用下标的方式访问字典"值"时，若指定的"键"不存在则触发异常。

举例如下：

```
>>> xdict ={'name': 'Tom', 'age': 18, 'sex': 'male'}
>>> xdict["name"]
'Tom'
>>> xdict["tel"]
Traceback(most recent call last):
  File " <stdin >", line 1, in <module>
KeyError: 'tel'
```

2. 添加和修改字典元素

在字典中，当给以指定"键"为下标的字典元素赋值时，如果"键"存在，则表示修改该"键"的值；如果"键"不存在，则相当于向字典中添加新的"键—值对"。

举例如下：

```
>>> xdict = {'name': 'Tom', 'age': 18, 'sex': 'male'}
>>> xdict["age"] = 20
>>> xdic["addr"] = "gz"
>>> xdict
{'name': 'Tom', 'age': 20, 'sex': 'male', 'addr': 'gz'}
```

3. 删除字典元素

使用 del 命令可以删除字典中指定"键"对应的元素。举例如下:

```
>>> xdict = {'name': 'Tom', 'age': 18, 'sex': 'male'}
>>> delxdict["sex"]
>>> xdict
{'name': 'Tom', 'age': 18,}
```

4. in/not in 运算

使用 in 或 not in 可以判断某个"键"是否在字典中,格式为:键 in 字典对象。键存在,表达式返回 True,否则返回 False。举例如下:

```
>>> xdict = {'name': 'Tom', 'age': 18, 'sex': 'male'}
>>> "age" in xdict
True
>>> "name"not in xdict
False
```

4.3.2 字典常用方法

字典包含的常用方法见表 4-3。

表 4-3 字典常用方法

方法	方法描述
clear()	删除字典内所有元素
copy()	返回一个字典副本(浅复制)
pop(key)	删除字典指定键的元素
get(key, default = None)	返回字典中指定键的值,如果键不存在,则返回 default 值
items()	返回包含所有(键:值)项的列表
keys()	返回包含字典所有的键的列表

续上表

方法	方法描述
values()	返回字典所有的值的列表
update（dict1）	将字典 dict1 的元素添加到当前字典中

1. update() 方法

字典对象的 update() 方法将另一个字典的"键—值对"一次性全部添加到当前字典中，如果两个字典中存在相同的"键"，则以另一个字典中的"值"来更新当前字典。举例如下：

```
>>> xdict = {'name': 'Tom', 'age': 18, 'sex': 'male'}
>>> ydict = dict(age=20, score=98)
>>> xdict.update(ydict)
>>> xdict
{'name': 'Tom', 'sex': 'male', 'age': 20, 'score': 98}
```

2. 访问字典元素的方法

字典对象的 get() 方法可以获取指定"键"对应的"值"，并且可以指定"键"不存在时返回特定值，如果不指定，则默认返回 None。举例如下：

```
>>> xdict = {'name': 'Tom', 'age': 18, 'sex': 'male'}
>>> xdict.get("name")
'Tom'
>>> xdict.get("tel")
>>> xdict.get("tel","No set")
'No set'
>>> xdict["score"] = xdict.get("score", [])
>>> xdict.get("score")
[]
>>> xdict["score"].append(90)
>>> xdict["score"].append(97)
>>> xdict
{'name': 'Tom', 'age': 18, 'sex': 'male', 'score': [90, 97]}
```

字典对象的 items() 方法返回字典的"键—值对"列表；keys() 方法返回字典的"键"列表；values() 方法返回字典的"值"列表。举例如下：

```
>>> xdict = {'name': 'Tom', 'age': 18, 'sex': 'male'}
>>> for item in xdict.items():
    print(item)

('name', 'Tom')
('age', 18)
('sex', 'male')

>>> for key, value in xdict.items():
    print(key, value)

name Tom
age 18
sex male

>>> for key in xdict.keys():
    print(key)

name
age
sex
>>> for value in xdict.values():
    print(value)

Tom
18
male
```

3. 删除字典元素的方法

字典对象的 pop（）方法删除并返回指定"键"的元素。clear（）方法将清空字典的所有元素。举例如下：

```
>>> xdict = {'name': 'Tom', 'age': 18, 'sex': 'male'}
>>> xdict.pop("age")
18
>>> xdict
{'name': 'Tom', 'sex': 'male'}
>>> xdict.clear()
>>> xdict
{}
```

4.3.3 字典应用举例

【例 4-7】编写一个 Python 程序，统计一篇文章中出现的所有单词及出现的次数。

设计分析：读取文件内容到一个字符串，将其分割为单独单词或标点符号后，放入 words 列表中。定义一个字典对象，存放单词和出现次数键—值对。遍历 words 的所有单词，如果是第一次出现，则添加进字典，出现次数设为 1；否则，将出现次数加 1。

代码如下：

```
#以读取模式打开文本文件
with open("sample.txt","r") as tf:
    #将文件内容读取到 text 中
    text = tf.read()
#提取字符串中的所有单词(转换为大写)及标点符号放在 words 列表中
words = text.upper().split()

#定义一个空字典 word_count_dict, 存放统计结果
word_count_dict = {}

#遍历 words 列表中的每个单词，并统计出现的次数
for word in words:
    if word not in word_count_dict:
        #单词未出现过，将其添加到字典，值(次数)设为 1
        word_count_dict[word] = 1
    else:
        #单词出现过，将值(次数)增加 1
        word_count_dict[word] += 1
```

```
print("文件中出现过的单词如下:")
#输出统计结果,变量 k 用来控制输出换行
k = 1
for item in word_count_dict. items ():
    print(item, end = "    ")
    if k% 6 = = 0  :
        #每输出 6 项后换行
        print()
    k = k + 1
```

程序的运行结果如图 4-8 所示。

```
====================== RESTART: C:/Python37/T4.07.py ======================
文件中出现过的单词如下:
('AN', 1)        ('OLD', 3)      ('WOMAN', 1)    ('HAD', 1)     ('A', 1)       ('CAT', 2)
('.', 2)         ('THE', 1)      ('WAS', 2)      ('VERY', 1)    (',', 3)       ('SHE', 3)
('COULD', 2)     ('NOT', 2)      ('RUN', 1)      ('QUICKLY', 1) ('AND', 1)     ('BITE', 1)
('BECAUSE', 1)   ('SO', 1)
>>>
```

图 4-8 例 4-7 的运行结果

4.4 集合

集合(set)是包含一组数据元素的无序组合。集合中的元素不可重复,元素类型只能是固定数据类型,如整数、浮点数、字符串和元组等。列表、字典和集合本身都是可变数据类型,因此不能作为集合的元素出现。

由于集合是元素的无序组合,所以集合没有索引和位置的概念。集合中的元素可以动态增加或删除。没有元素的集合称为空集。由于集合元素不可重复,使用集合类型能够过滤重复元素。

集合是一个无序不重复数据集,其基本功能包括成员关系测试、消除重复元素和删除数据项。集合对象支持并、交、差、对称差等操作。

4.4.1 集合的创建

和字典相同,集合也使用一对大括号作为定界符将多个元素括起来,元素之间用逗号分隔。直接将集合赋值给变量即可创建一个集合对象。举例如下:

```
>>> aset = {"bus","train"}
>>> aset
{'train', 'bus'}
```

使用 set() 函数可以将列表、元组、字符串、range 对象等其他可迭代对象转换为集合。集合中是不能有相同元素的，因此 Python 在创建集合时会自动删除重复元素。空集合只能用 set() 来创建，因为直接用一对大括号括起来表示空字典。举例如下：

```
>>> bset = set(range(5))
>>> bset
{0, 1, 2, 3, 4}
>>> cset = set("hello")          #将字符串转换为列表，重复值只保留1个
>>> cset
{'o', 'h', 'e', 'l'}
>>> dset = set()                 #定义空集合
>>> eset = set([1, 2, 6, 6])     #将列表转换为集合，重复值只保留1个
>>> eset
{1, 2, 6}
>>> fset = set(["a", 12, ("hello","python"), 3.14])
>>> fset
{'a', 3.14, 12, ('hello', 'python')}
```

4.4.2 集合的基本操作

由于集合本身是无序的，所以不能为集合创建索引或切片操作，只能循环遍历，或者用 in/not in 来判断集合是否包含某个元素。举例如下：

```
>>> xset = set("this is a test!")
>>> for x in xset:
    print(x, end = " ")
运行结果：
! e i a h t s
>>> 10 in xset
false
```

4.4.3 集合常用方法

集合包含的常用方法见表 4-4。

表4-4 集合的常用方法

方　　法	说　　明
add（x）	向集合中添加元素 x
remove（x）	从集合中删除元素 x；若 x 不存在，触发异常
discard（x）	从集合中删除元素 x；若 x 不存在，不提示出错
pop（）	从集合删除任一元素，并返回该元素
clear（）	清空集合
copy（）	返回集合的浅复制
union（s）	和集合 s 进行并集运算
intersection（s）	和集合 s 进行交集运算
difference（s）	和集合 s 进行差集运算
symmetric_difference（s）	和集合 s 进行对称差运算
update（s）	相当于和 s 进行集合元素的合并运算
issubset（s）	判断 s 是否为当前集合的子集
issuperset（s）	判断 s 是否为当前集合的超集

1. 添加集合元素

集合对象的 add（）方法可以添加新元素，如果该元素已存在则忽略该操作，不触发异常。update（）方法可将另一个集合中的元素合并到当前集合中，并自动去除重复元素。举例如下：

```
>>> xset = {'a', 'b', 'c'}
>>> xset.add("a")
>>> xset
{'a', 'b', 'c'}
>>> xset.add(10)
>>> xset
{'a', 10, 'b', 'c'}
>>> yset = {10, 20}
>>> xset.update(yset)
>>> xset
{'a', 20, 10, 'b', 'c'}
```

2. 删除集合元素

集合对象的 pop() 方法随机删除并返回集合中的一个元素，如果集合为空则触发异常；remove() 方法删除集合中指定的元素，若元素不存在则触发异常；discard() 方法从集合中删除指定元素，若该元素不存在则忽略该操作，不触发异常；clear() 方法清空集合。举例如下：

```
>>> xset = set("abc")
>>> xset
{'a', 'b', 'c'}
>>> xset.remove(10)                #remove()方法删除不存在元素，触发异常
Traceback (most recent call last):
  File"<pyshell#74>", line 1, in <module>
    xset.remove(10)
KeyError: 10
>>> xset.discard(10)               #discard()方法删除不存在元素
>>> xset.remove("a")
>>> xset
{'b', 'c'}
>>> xset.pop()                     #pop()方法随机删除一个元素
'b'
>>> xset.clear()                   #clear()方法清空集合
>>> xset
set()
>>> xset.pop()
Traceback (most recent call last):
  File"<pyshell#83>", line 1, in <module>
    xset.pop()
KeyError: 'pop from an empty set'
```

3. 复制集合的方法

集合对象的 copy() 方法用于复制一个集合。举例如下：

```
>>> xset = set("abc")
>>> yset = xset.copy()
>>> yset
{'a', 'b', 'c'}
```

4.4.4 集合运算符

集合的主要运算是关系测试,以及并、交、差和对称差运算等操作。

1. 并集运算符

并集运算符为 |,表达式结果为一个包含两个集合所有元素的集合。集合对象的 union() 方法可实现同样的功能。举例如下:

```
>>> xset = set("abcd")
>>> yset = set("cdef")
>>> xset, yset
({'b', 'd', 'a', 'c'}, {'e', 'd', 'c', 'f'})
>>> xset.union(yset)                    #调用集合的 union() 方法
{'e', 'f', 'b', 'c', 'd', 'a'}
>>> xset | yset                         #使用并集运算符 |
{'e', 'f', 'b', 'c', 'd', 'a'}
>>> xset
{'d', 'c', 'a', 'b'}
```

2. 交集运算符

交集运算符为 &,表达式结果为一个包含两个集合共有元素的集合。集合对象的 intersection() 方法实现同样功能。举例如下:

```
>>> xset = set("abcd")
>>> yset = set("cdef")
>>> xset.intersection(yset)
{'d', 'c'}
>>> xset & yset
{'d', 'c'}
```

3. 差集运算符

差集运算符为 -,表达式结果为一个由包含在左集合但不在右集合的元素构成的集合。集合对象的 difference() 方法可实现同样的功能。举例如下:

```
>>> xset = set("abcd")
>>> yset = set("cdef")
>>> xset.difference(yset)
{'b', 'a'}
>>> xset
{'b', 'd', 'a', 'c'}
>>> xset - yset
{'b', 'a'}
```

4. 对称差运算符

对称差运算符为^，表达式结果为一个由两个集合不共有的元素构成的集合。集合对象的 symmetric_difference () 方法可实现同样的功能。举例如下：

```
>>> xset = set("abcd")
>>> yset = set("cdef")
>>> xset.symmetric_difference(yset)
{'e', 'f', 'b', 'a'}
>>> xset^yset
{'e', 'f', 'b', 'a'}
```

5. 子集和超集

如果集合 A 的每个元素都是集合 B 中的元素，则集合 A 是集合 B 的子集。超集是仅当集合 B 是集合 A 的一个子集，集合 A 才是集合 B 的一个超集。集合对象的 issubset () 方法和 issuperset () 方法也可用来判断子集、超集。关系运算符同样可以判断两个集合的包含关系。举例如下：

```
>>> xset = set("abcd")
>>> yset = set("bc")
>>> yset <= xset
True
>>> yset.issubset(xset)
True
>>> xset >= yset
True
>>> xset.issuperset(yset)
True
```

4.4.5 集合应用举例

【例 4-8】编写一个 Python 程序，分别用列表和集合实现生成 n 个不重复随机数，比较其执行效率的不同。

设计分析：使用 random 模块中 randomint（a，b）函数可以生成一个介于两个整数 a、b 之间的随机整数。采用列表存放随机数时，要先判断列表中是否已存在，没有才添加。由于集合可以自动去除重复值，可直接添加。time 模块的 time（）函数可以获取系统当前时间戳。

代码如下：

```
import random
import time

#定义函数 randomByList, 采用列表生成 number 个介于 start 和 end 之间的随机数
def randomByList(number, start, end):
    datas = []
    while True:
        data = random.randint(start, end)
        if data not in datas:
            #如果生成的随机数不在列表，则添加
            datas.append(data)
        if len(datas) == number:
            break
    return datas

#定义函数 randomBySet, 采用集合生成 number 个介于 start 和 end 之间的随机数
def randomBySet(number, start, end):
    datas = set()
    n = 0
    while True:
        data = random.randint(start, end)
        #生成的随机数直接添加到集合
        datas.add(data)
```

```
        if len(datas) == number:
            break
    return datas

#主程序
start_time = time.time()
#调用 randomByList 函数生成 1000 个随机数
randomByList (1000,1,10000)
print("By List, time used:", time.time() - start_time)
#调用 randomBySet 函数生成 1000 个随机数
start_time = time.time()
randomBySet (1000,1,10000)
print("By Set, time used:", time.time() - start_time)
```

程序的运行结果如图 4-9 所示。从结果可以明显看到，当生成 1 000 个不重复随机数时，使用集合的用时要远少于使用列表的用时。

```
======================= RESTART: C:/Python37/T4.08.py =============
By List, time used: 0.0307562351226806664
By Set, time used: 0.0014882087707519531
>>>
```

图 4-9 例 4-8 的运行结果

思考与练习

（1）从键盘输入一个正整数列表，以 -1 结束，分别计算列表中奇数、偶数的个数及和。

（2）已知有一组已经排好序的数 [3,9,14,20,25,32,45,72,80,100]。现从键盘输入一个数，要求将其按原先的规律插入数组中。

（3）编写程序，输入带括号的表达式，检测表达式的括号是否匹配。

（4）从键盘输入一行字符，统计其中每个字符出现的次数。

（5）随机生成 N 个介于 1~1 000 的整数（N <= 1 000），N 由用户从键盘输入。重复的数字只保留 1 个，将这些数从小到大排序，并打印输出。

第 5 章 函数与模块

在大多数编程语言中,函数和模块都扮演着至关重要的角色。Python 函数是可以重复使用以实现某些功能的代码段。Python 模块则是将若干函数、类和数据封装起来的 Python 程序文件。

本章将主要介绍函数和模块的相关概念及使用。

5.1 函数概述

在 Python 编程过程中,如果有一段代码,需要在程序不同位置多次重复使用时,直接复制该代码段,然后对相关数据进行修改显然不是一个好主意,因为这不仅增加了代码量,也增加了后期代码阅读、理解和维护的工作量。解决这个问题可以使用函数。函数是可以重复使用以实现某些功能的代码段。用户定义了函数后,如需使用该代码段,则只需调用该函数即可。

5.1.1 函数的功能

函数是模块化程序设计的基本构成单位,使用函数具有如下优点:

(1) 实现代码复用:通过将某段代码定义成函数,在需要的时候调用该函数,可以实现一次定义多次调用,提高代码的可重用性。

(2) 减少程序复杂度:在程序设计中,经常使用分治的思想,将大任务拆分成若干容易解决的小任务,解决了这些小任务,则解决了大任务。这些拆分后的小任务代码相对简单,易于开发调试和修改维护。这样可以简化程序结构,增加程序的可阅读性。

(3) 实现团队协作开发：一些大型项目将项目分割成不同子任务后，可以由团队人员分工合作，协作开发。

5.1.2 函数分类

在 Python 中，函数可以分为以下四类。

(1) 内置函数：内置函数是 Python 核心模块内置的对象之一，它将一些编程过程中常用的函数封装在对象__builtins__中，不需要导入可以直接引用。相关内容可参考第 2 章。

(2) 标准库函数：Python 语言安装程序同时会安装若干标准库，例如 math、random 等，要使用这些标准库的函数，必须先导入后使用。

(3) 第三方库函数：Python 社区提供了很多为实现某类功能的库，这些库必须先安装，安装之后导入才可以使用。

(4) 用户自定义函数：这类函数是用户为实现某些功能在代码段中自行定义的一些函数。

5.2 函数的定义和调用

5.2.1 函数的定义

在 Python 语言中，函数也是对象，使用 def 语句创建，其语法格式如下：

```
def 函数名 ([参数列表]):
    '''注释'''
    函数体
```

说明：

(1) 函数形参不需要声明其类型，也不需要指定函数返回值类型。

(2) 即使该函数不需要接收任何参数，也必须保留一对空的圆括号。

(3) 括号后面的冒号必不可少。

(4) 函数体相对于 def 关键字必须保持一定的空格缩进。

(5) Python 允许嵌套定义函数。

(6) 定义函数时，对参数个数并没有限制，如果有多个形参，需要使用逗号进行分隔。

函数定义好之后，就可以在程序中调用该函数了，直接输入函数名和相关参数即可调用，但需要注意的是，Python 中并不允许在函数定义之前调用该函数。

【例 5-1】无参数函数举例。

程序代码如下：

```
>>> def hello():
print("hello, China!")


>>> hello()                    #调用函数
hello, China!
```

【例5-2】有参数函数举例。

程序代码如下:

```
>>> def hello (username):
print (username +", Welcome to China!")



>>> hello ('Jack')
Jack, Welcome to China!
>>> hello (Jack)
Traceback (most recent call last):
  File "<pyshell#6 >", line 1, in <module>
    hello (Jack)
NameError: name 'Jack' is not defined
```

注：在该函数中 username 为参数。运行函数时，Jack 两端必须加单引号（''）表示"Jack"为该参数的值，否则系统认为'Jack'为一个未定义的对象。

5.2.2 函数的返回值

函数被调用后，可以有返回值，也可以没有返回值。如果函数被调用执行后需要返回一个值给主调函数，可以使用 return 语句。其语法格式如下：

return 变量或表达式

说明：

（1）return 后的变量或者表达式可以没有，如果没有，其效果和没有 return 语句一样，均返回 None。

（2）函数是可以返回多个值的，如果返回多个值，会将多个值放在一个元组或者其他类型的集合中返回。

【例5-3】有返回值函数示例（编写以函数，求圆的周长）。

```
>>> def zc (r):
    import math
    circ = 2* math.pi * r
    return circ

>>> zc (6.5)                          #直接调用函数
40.840704496667314
    >>> print("半径为 6.5 的圆的周长为:", zc(6.5))
#在语句中调用函数半径为 6.5 的圆的周长为：40.840704496667314
>>>
```

【例 5-4】多个返回值函数示例。

```
>>> def func():
a = 'abc'
b = [1, 2, 3]
c = 4
    return(a, b, c)         #将三个返回值组合成一个元组返回

>>> print(func())
('abc', [1, 2, 3], 4)
>>>
```

【例 5-5】多返回值函数示例（输入一个列表，使用函数求出列表的最大值和最小值）。

新建一个 Python 程序文件，文件名称保存为 "5-5.py"，代码如下：

```
def maxmin(a):
    max = a[0]
    min = a[0]
    for i in range(0, len(a)):
        if max < a[i]:
            max = a[i]
        if min > a[i]:
            min = a[i]
    return(max, min)
```

```
a1 = input("请输入一串数字以逗号隔开:")
b = a1. split(",")              #将该字符串的每一个数字组合成一个列表
c = [int(i) for i in b]         #将列表中的字符串转换成数字
x, y = maxmin(c)
print("该列表最大值为", x," 该列表最小值为", y)
```

程序运行结果如图 5-1 所示。

```
======================= RESTART: D:\python基础程序\5-5.py ========
请输入一串数字以逗号隔开：25,6,38,7,95,100,15
该列表最大值为 100   该列表最小值为 6
>>>
```

图 5-1 例 5-5 的运行结果

5.2.3 lambda 表达式

lambda 表达式（又称匿名函数）是现代编程语言争相引入的一种语法。如果说函数是有命名的、便于复用的代码块，那么 lambda 表达式则用来声明匿名函数，即没有函数名的临时用的小函数，它是功能更灵活的代码块，也可以在程序中被传递和调用。lambda 是一个表达式而不是语句。它能够出现在 Python 语法不允许 def 出现的地方。作为表达式，lambda 表达式返回的是 function 类型值（即一个新的函数）。lambda 用来编写简单的函数，而 def 用来处理更强大的任务。

lambda 表达式的语法结构如下：

`lambda 参数列表：表达式`

说明：

（1）参数列表的结构与函数（function）的参数列表是一样的，例如，x 或者 x，y。

（2）表达式是一个参数表达式。表达式中出现的参数需要在参数列表中有定义，并且表达式只能是单行的。单行决定了该函数功能一般比较简单。

（3）Lambda 表达式没有名字。

（4）lambda 表达式有输入和输出，其中输入是传入到参数列表的值，输出是根据表达式计算得到的值。

lambda 表达式语法是固定的，其本质是定义了一个匿名函数。由于没有名字，可直接称为 lambda 函数。在实际应用中，根据 lambda 表达式应用场景的不同，主要有以下几种用法：

（1）将 lambda 表达式赋值给一个变量，通过这个变量间接调用该 lambda 表达式定义的函数。例如，执行语句 add = lambdax, y: x + y, 定义了加法函数 lambdax, y:

x + y，并将其赋值给变量 add，这样变量 add 便成为具有加法功能的函数。例如，执行 add（3，4），输出为 7。

（2）将 lambda 表达式作为其他函数的返回值，返回给调用者，即函数的返回值也可以是函数。例如，return lambda x,y：x + y 返回一个加法函数。这时，lambda 函数实际上是定义在某个函数内部的函数，称之为嵌套函数，或者内部函数。

（3）将 lambda 表达式作为参数传递给其他函数。部分 Python 内置函数接收函数作为参数，典型的此类内置函数有 filter、sort、map、reduce 等几个。

【例 5 – 6】lambda 表达式举例 1。

```
>>> sum = lambda x, y: x + y
>>> print("10 +20 的值为", sum(10, 20))
10 +20 的值为 30
>>> print("20 +30 的值为", sum(20, 30))
20 +30 的值为 50
>>>
```

【例 5 – 7】lambda 表达式举例 2（lambda 表达式在列表中的应用）。

```
>>> a = [(lambda x: x* * 2), (lambda x: x* * 3), (lambda x: x* * 4), (lambda x: x* * 5)]
>>> print(a[0] (3), a[2] (3), a[3] (3))      #分别打印 3 的 2、4、5 次方
9  81  243
>>> b = [1, 3, 5, 7, 9, 11, 13]
>>> print(sorted(b, key = lambda x: abs(4 - x)))
            #以数字距离 4 的距离来排序
[3, 5, 1, 7, 9, 11, 13]
>>> c = list(map (lambda x: x +1, b))
            #使用 lambda 对列表中的每个元素加 1
>>> print(c)
[2, 4, 6, 8, 10, 12, 14]
```

5.3 函数的参数

5.3.1 形式参数和实际参数

函数参数有形式参数和实际参数之分。形式参数（简称形参），就是定义函数时所声明的参数列表中的参数。而实际参数（简称实参），是在调用函数时，提供给函

数参数的实际值。在调用函数时,如果有多个形式参数,则实际参数值默认按形式参数的位置依次将值传递给形参,当参数不对时,程序运行时将报错。例如:

```
>>> def printMax(a, b):
        if a>b:
            pirnt(a, 'is the max')
        else:
            print(b, 'is the max')
>>> printMax(10)                    #缺少参数程序报错
Traceback (most recent call last):
  File"<pyshell#6>", line 1, in <module>
    printMax(10)
TypeError: printMax() missing 1 required positional argument: 'b'
>>> printMax(10, 60)                #参数完整,运行正常
60 is the max
>>>
```

5.3.2 参数的传递

在定义函数时,不需要声明函数参数类型,系统会根据实参的值自动判断数据类型。

大多数情况下,在函数内部修改形参的值并不会影响实参。例如:

```
>>> def addOne(a):
        print(a)
        a = a + 2
        print(a)

>>> a = 5
>>> addOne(a)                       #调用函数
5
7
>>> print(a)                        #打印变量a
5
```

从运行结果看,调用函数时,函数内部修改了形参的值,但当函数运行结束后,实参a的值并没有改变。从此例可以看出形参和实参虽然名字一样,但属于两个完全不同的对象,调用函数时,也和C语言一样,采用的是值传递的方式,即将实参a的

值 5 传递给形参 a。

但是当可变序列类型对象如列表、字典、集合等作为形参时，如果在函数内部通过对象自身方法修改对象的元素时，则该修改操作一样会影响到实参。例如：

```
>>> def modify (a):
a['id'] = "001"
print (a)

>>> b = {'id': '003', 'name': 'Jack', 'sex': 'male'}      #定义字典
>>> modify(b)                                              #调用函数
{'id': '001', 'name': 'Jack', 'sex': 'male'}
>>> print(b)                                               #调用函数后，实参的值一并改变
{'id': '001', 'name': 'Jack', 'sex': 'male'}
>>>
```

上例中，字典就是一种可变序列类型的对象，所以在函数中改变其值时相当于直接改变实参的值。

又例如：

```
>>> def change(x, y):
x = "CHINA"
y[0] = 6

>>> a = World"              #a 的初值
>>> b = [1, 2, 3]           #b 的初值
>>> change(a, b)
>>> print(a, b)
World [6, 2, 3]             #调用函数后，变量 a, b 的初值
>>>
```

从相关运行结果可以看到，由于变量 a 为字符串类型对象，调用函数后，变量 a 的值并未改变；而变量 b 由于是列表，作为可变对象，其值在调用函数后发生了改变。

5.3.3 参数类型

Python 函数的参数除了按位置顺序传递的普通参数外，还有默认值参数、关键参数、可变长度参数等几种类型。

1. 默认值参数

默认值参数是在定义函数时为某个形参赋予默认值的参数。当调用该函数时，如

果未给该形参传值,则它将获得定义时所赋的默认值。默认值参数通过赋值运算符"="在定义形参时直接赋值。但是需要注意的是,任意默认值参数右侧都不允许再出现没有默认值的参数。

例如:

```
>>> def add(x, y=8):
    z = x*y
    return z

>>> add(5)              #y没有传递实参,其默认值为8
40
>>> add(5, 10)          #y传递了实参10
50
>>>
```

当对形参设置默认值时,应避免使用列表、字典、集合等可变序列对象作为函数参数的默认值。

2. 关键参数

在调用函数时,函数的形参和实参通常都是通过位置进行匹配的,即实际参数值默认按形式参数的位置依次将值传递给形参,这就使用户必须清楚了解每一个参数的位置和意义以避免调用出错。事实上,Python 也可以通过关键参数调用函数,即调用函数时,按参数名字传递值,明确指定将值传递给具体参数,这样实参就可以和形参顺序不一致。例如:

```
>>> def printinfo( name, age ):
    print("名字:", name)
    print("年龄:", age)
    return

>>> printinfo("Tom", 25)                    #按位置传递参数
名字:   Tom
年龄:   25
>>> printinfo(age=22, name=" Jack")      #关键参数,不需要按位置传递参数
名字:   Jack
年龄:   22
>>>
```

3. 可变长度参数

一般情况下，函数在定义时参数个数是确定的，但如果在某些情况下无法确定参数个数，则可以使用可变长度参数。要使用可变长度参数，只需要在参数前加"*"或者"**"。

其中，使用"*"表示将无法匹配的实参全部放入元组中，使用"**"表示将无法匹配的实参转换为字典存储。注意：使用"**"定义形参时，实参必须采用关键参数的形式赋值。例如：

```
>>> def fun1(x, * y, * * z):
print(x)
print(y)
print(z)

>>> fun1(1)                    #一个实参，只匹配形参x
1
()
{}
>>> fun1(1, 2, 3)              #三个实参，第一个匹配x，后两个匹配y，组成元组
1
(2, 3)
{}
>>> fun1(1, 2, name = 'JACK', age = 24)    #赋值形式实参匹配z，组成字典
1
(2,)
{'name': 'JACK', 'age': 24}
>>>
```

5.4 变量的作用域

变量的作用域即变量在程序中起作用的范围，不同作用域内同名变量之间互不影响。当在程序中引入函数后，在函数外和函数内定义的变量其作用域是不同的。根据作用域的不同，可以分为局部变量和全局变量。

5.4.1 局部变量

通常，局部变量指在函数内部定义的变量，它只能在函数内部使用，其作用域从被定义开始直至函数结束，当函数执行结束后，局部变量自动删除。所以，函数外变量允许与函数内局部变量同名，但和该局部变量没有任何关系。例如：

```
>>> def fun1():
x="hello~!~"
for i in range(0,3):
print(x)


>>> fun1()              #调用函数
hello~!~
hello~!~
hello~!~
>>> fun1(x)             #在函数外使用变量x显示该对象没有被定义
Traceback (most recent call last):
  File"<pyshell#7>", line 1, in <module>
    fun1(x)
NameError: name'x'is not defined
>>>
```

5.4.2 全局变量

与局部变量不同，变量作用域是整个程序的，则称全局变量。全局变量通常是在函数外部定义的变量。当然，如果需要在函数内部定义全局变量，则必须使用 global 语句进行声明。例如：

```
>>> def fun1():
global x
x="hello~!~"
y="您好!"
for i in range(0,3):
print(x)


>>> x=123
>>> y=234
```

```
>>> fun1()
hello ~ ! ~
hello ~ ! ~
hello ~ ! ~
>>> print(x, y)
hello ~ !  ~ 234
>>>
```

在此例中，函数定义了两个变量 x 和 y，x 为全局变量，y 为局部变量。在函数体外对两个变量都进行了重新赋值，但运行程序后，变量 x 的值为函数内所赋的值，而变量 y 由于是局部变量，和函数体外的变量 y 并不是同一个变量，函数体外的变量 y 是全局变量，故变量 y 输出为函数体外的值。

5.5 函数的递归调用

Python 语言允许函数递归调用。函数递归调用是指函数在执行的过程中直接或间接地持续调用自己本身，直到某个条件得到满足时即不再调用。递归调用分直接递归调用和间接递归调用。直接递归调用如图 5-2 所示，函数 f() 直接调用它自己，间接递归调用如图 5-3 所示。

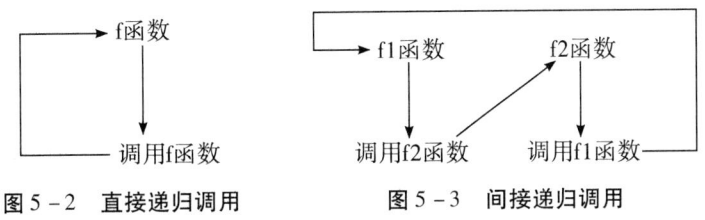

图 5-2　直接递归调用　　　图 5-3　间接递归调用

【例 5-8】使用函数的递归调用实现例 3-9（计算 1 到 100 所有数之和并输出）。
代码如下：

```
>>> def sum1(n):                    #定义函数
if n ==1:
return 1
else:
return n + sum1(n-1)

>>> sum1(100)                       #运行函数
5050
```

在此例中，语句"ifn==1:"表示如果 n=1 证明已经递归到最后，则直接返回 1，这就是递归结束的临界条件；如果 n!=1 则没有达到临界条件，用 n 加上对 n-1 的递归函数，当 n 没有达到临界条件时，系统会不断调用函数，直到将 n 一直加到 1 结束。

【例 5-9】编写函数求解汉诺塔问题。

汉诺塔问题源自古印度，是一道经典的程序设计问题，该问题描述如下：如图 5-4 所示，有 A、B、C 三根柱子，A 柱上有 n 个大小不等的盘子，大盘在下，小盘在上，现要求将所有盘子由 A 柱搬到 C 柱上，每次只能搬动一个盘子，同时必须保证小盘不能置于大盘下方。

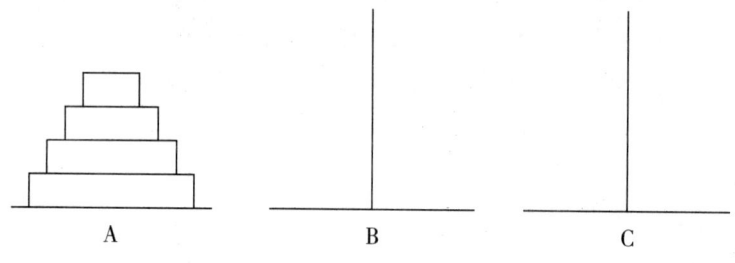

图 5-4 汉诺塔问题

该问题分析如下：

(1) A 柱只有一个盘，则可以：A 柱→C 柱。

(2) A 柱有两个盘子的情况，则可以：第 1 个盘 A 柱→B 柱；第 2 个盘→C 柱；第 1 个盘 B 柱→C 柱。

(3) A 柱有 n 个盘子的情况，则可以将次问题转换为将上方 n-1 个盘子看成一个盘，下方最后一个为另一个盘，由此：将上方 n-1 个盘子由 A 柱→B 柱（借助 C 柱），将第 n 个盘子由 A 柱→C 柱；再将 n-1 个盘子由 B 柱→C 柱（借助 A 柱），此时问题转换为将 n-1 个盘子搬动的问题，又将上方 n-2 个盘子看成一个盘子，下方最后一个看成一个盘子；依次类推，一直到最后变成搬动一个盘子的问题。

新建 Python 程序文件，输入以下代码：

```
#----------------汉诺塔问题求解------------------#
i=0          #用来记录移动次数
#定义一个函数给4个参数，n代表圆盘的个数，a代表A柱，b，c为形参，根据
实参代表不同柱子
def move(n, a, b, c):
    #把变量i全局化，如果不全局化，只可访问读取不能进行操作修改
    global i
    if n==1:
```

```
        i += 1
        print('移动第', i, '次', a, '-->', c)
    else:
        #1. 把A柱上n-1个圆盘移动到B柱上
        move(n-1, a, c, b) # 此时传递的才是实际参数
        #2. 把A柱上最大的移动到C柱子上
        move(1, a, b, c)
        #3. 把B柱子上n-1个圆盘移动到C柱子上
        move(n-1, b, a, c)

n = int(input("请输入盘子的个数:"))
print("移动", n, "个盘子的步骤如下:")
move(n, 'A', 'B', 'C')
```

保存后运行，结果如图5-5所示。

```
Python 3.7.0 (v3.7.0:1bf9cc5093, Jun 27 2018, 04:59:51) [MSC v.1914 64 bit (AMD6
4)] on win32
Type "copyright", "credits" or "license()" for more information.
>>>
===================== RESTART: D:/python基础程序/5-7.py =====================
=
请输入盘子的个数:2
移动 2 个盘子的步骤如下:
移动第 1 次 A --> B
移动第 2 次 A --> C
移动第 3 次 B --> C
>>>
===================== RESTART: D:/python基础程序/5-7.py =====================
=
请输入盘子的个数:4
移动 4 个盘子的步骤如下:
移动第 1 次 A --> B
移动第 2 次 A --> C
移动第 3 次 B --> C
移动第 4 次 A --> B
移动第 5 次 C --> A
移动第 6 次 C --> B
移动第 7 次 A --> B
移动第 8 次 A --> C
移动第 9 次 B --> C
移动第 10 次 B --> A
移动第 11 次 C --> A
移动第 12 次 B --> C
移动第 13 次 A --> B
移动第 14 次 A --> C
移动第 15 次 B --> C
>>>
```

图5-5 例5-9的运行结果

5.6 模块

模块（Module）是一个 Python 文件，以 .py 结尾，它将程序代码和数据封装起来以便重用，它通常包含对某一对象的定义以及操作该对象的一些函数和方法。与函数类似，模块是分治思想的延续，使用模块可以将任务分解成大小合理的子任务并实现代码的重复使用。

Python 默认安装通常只包括核心模块以及一些标准模块，而启动时也仅加载核心模块。在核心模块中，系统内置一些常用的基本函数，这些函数可以直接使用（具体见本书第二章）；而标准模块则需要导入才能使用其中的函数。在需要某个标准模块时才导入使用，可以使程序更简洁，也可降低程序负荷。

除此之外，为扩展系统功能，也可以根据需要由用户自定义一些模块，或者安装一些第三方的扩展模块。这些模块的安装可以使用 Python 本身提供的 pip 语句安装，也可以使用一些第三方工具如 Anaconda 等安装。

5.6.1 导入模块

1. 模块的使用

在模块中，除了核心模块的函数可以直接使用外，其他模块的函数及方法均需要导入才能使用。导入模块有以下几种方法：

（1）import 方法。其语法格式如下：

import 模块名 [as 别名]

此方式直接将该模块全部导入，模块中的所有功能均可使用。其中，方括号中的内容不是必需的，当模块名较长时可以根据需要使用别名。使用此方法导入之后，使用时必须再加上模块名。例如：

```
>>> import math                    #导入数学库
>>> math.sqrt(9)                   #使用数学库中的函数
3.0
>>>
```

（2）from 方法。其语法格式如下：

from 模块名 import 对象名 [as 别名]

此方式只导入模块中指定对象，使用时不需要输入模块名。例如：

```
>>> from math import sqrt
>>> sqrt(9)
3.0
>>>
```

如果希望导入整个模块的所有对象，但又不希望使用时输入模块名，则可以使用语句"from 模块名 import *"来实现，但该方式会增加程序负荷，所以并不建议过多使用此方式。

2. 模块位置搜索顺序

当导入一个模块时，Python 解析器对模块位置的搜索顺序是：
（1）当前目录。
（2）如果不在当前目录，Python 则搜索在 shell 变量 PYTHONPATH 下的每个目录。
（3）如果都找不到，Python 会查看系统安装的默认路径。

模块搜索路径存储在 system 模块的 sys.path 变量中。变量里包含当前目录、PYTHONPATH 和由安装过程决定的默认目录。例如：

```
>>> import sys
>>> print (sys.path)
['D:/python基础程序', 'C:\\Users\\Administrator\\AppData\\
Local\\Programs\\Python\\Python37\\Lib\\idlelib', 'C:\\Users
\\Administrator\\AppData\\Local\\Programs\\Python\\Python37\
\python37.zip', 'C:\\Users\\Administrator\\AppData\\Local\\
Programs\\Python\\Python37\\DLLs', 'C:\\Users\\Administrator
\\AppData\\Local\\Programs\\Python\\Python37\\lib', 'C:\\
Users\\Administrator\\AppData\\Local\\Programs\\Python\\
Python37', 'C:\\Users\\Administrator\\AppData\\Local\\
Programs\\Python\\Python37\\lib\\site-packages']
```

3. 查看模块内容

当需要了解模块包含的相关函数、对象等时，可以使用 dir() 函数列出模块里定义的所有模块、变量和函数等。例如：

```
>>> import math              #导入math模块
>>> dir (math)
['__doc__', '__loader__', '__name__', '__package__', '__spec__', '
acos', 'acosh', 'asin', 'asinh', 'atan', 'atan2', 'atanh', 'ceil', '
copysign', 'cos', 'cosh', 'degrees', 'e', 'erf', 'erfc', 'exp', 'expm1
', 'fabs', 'factorial', 'floor', 'fmod', 'frexp', 'fsum', 'gamma', '
gcd', 'hypot', 'inf', 'isclose', 'isfinite', 'isinf', 'isnan', 'ldexp
', 'lgamma', 'log', 'log10', 'log1p', 'log2', 'modf', 'nan', 'pi', '
pow', 'radians', 'remainder', 'sin', 'sinh', 'sqrt', 'tan', 'tanh', '
tau', 'trunc']
>>>
```

5.6.2 常用标准模块

1. math 模块

math 模块主要用于完成大部分数学运算，所以该模块主要包含某些数学运算函数，这些函数一般是对 C 语言中同名函数的简单封装。表 5-1 列出了一些常用的数学函数。

表 5-1 math 模块中的一些常用函数

函数名	函数功能说明
math.acos（x）	反余弦函数
math.asin（x）	反正弦函数
math.atan（x）	反正切函数
math.ceil（x）	返回不小于 x 的最小整数
math.copysign（x，y）	返回与 y 同号的 x 值
math.cos（x）	返回 x（弧度）余弦值
math.degrees（x）	将 x（弧度）转成角度
math.e	自然常数 e = 2.71828…
math.exp（x）	指数函数，返回 e 的 x 次方
math.fabs（x）	以浮点数形式返回 x 的绝对值
math.factorial（x）	返回 x!
math.floor（x）	返回小于 x 的最大整数

续上表

函数名	函数功能说明
math.gcd（x，y）	返回两个数的最大公约数
math.trunc（x）	返回 x 的整数部分，相当于 int
math.log（x，a）	返回 x 的以 a 为底的对数，a 默认为 e
math.log10（x）	返回 x 的以 10 为底的对数
math.modf（x）	返回 x 的小数部分与整数
math.pi	返回 π
math.radians（x）	将 x 的角度转换为弧度
math.sin（x）	返回 x（弧度）正弦值
math.sqrt（x）	返回 x 的平方根
math.tan（x）	返回 x（弧度）正切值
math.tau	返回 2π

2．time 模块

处理时间是程序最常用的功能之一，Python 提供多个标准模块用于处理时间，time 库就是处理时间标准库之一。

在 Python 中，通常用以下三种方式表示时间。

（1）时间戳：指用某个时间与 1970 年 1 月 1 日 00：00：00 的差值表示时间，单位为秒，是一个浮点型数值。

（2）时间元组：指以元组的形式表示时间，该元组 struct_time 共由九个元素组成，具体见表 5－2。

表 5－2 时间元组元素

序号	属性	值
0	tm_year	系统年份（例如 2019）
1	tm_mon	月份，1 到 12
2	tm_mday	日期，1 到 31
3	tm_hour	时，0 到 23
4	tm_min	分，0 到 59
5	tm_sec	秒，0 到 61（60 或 61 是闰秒）

续上表

序号	属性	值
6	tm_wday	星期，0到6（0是周一）
7	tm_yday	一年中第几天，1到366
8	tm_isdst	-1，0，1，是否为夏令时的标志（1：是；0：不是；-1：未知）

格式化时间：格式化时间即用指定的格式表示时间，例如：Mon Sep 30 14:12:56 2019。格式化时间需要用到的符号见表5-3。

表5-3 格式化时间相关符号说明

符 号	描 述
%y	两位数的年份表示（00-99）
%Y	四位数的年份表示（0000-9999）
%m	月份（01-12）
%d	月内中的一天（0-31）
%H	24小时制小时数（0-23）
%I	12小时制小时数（01-12）
%M	分钟数（00-59）
%S	秒（00-59）
%a	本地简化星期名称
%A	本地完整星期名称
%b	本地简化的月份名称
%B	本地完整的月份名称
%c	本地相应的日期表示和时间表示
%j	年内的一天（001-366）
%p	本地A.M.或P.M.的等价符
%U	一年中的星期数（00-53），星期天为星期的开始
%w	星期（0-6），星期天为星期的开始
%W	一年中的星期数（00-53），星期一为星期的开始
%x	本地相应的日期表示

续上表

符 号	描 述
%X	本地相应的时间表示
%Z	当前时区的名称
%%	%号本身

time 模块中常用时间处理函数及功能见表 5-4。

表 5-4 time 模块相关函数说明

函 数	描 述
time.asctime（[tupletime]）	接收时间元组并返回一个可读的形式为"Tue Dec 11 18:07:14 2008"（2008年12月11日周二18时07分14秒）的24个字符的字符串
time.clock（）	用以浮点数计算的秒数返回当前的 CPU 时间。用来衡量不同程序的耗时，比 time.time（）更有用
time.ctime（[secs]）	作用相当于 asctime（localtime（secs）），未给参数相当于 asctime（）
time.gmtime（[secs]）	接收时间辍（1970纪元后经过的浮点秒数）并返回格林威治天文时间下的时间元组 t。注：t.tm_isdst 始终为0
time.localtime（[secs]）	接收时间辍（1970纪元后经过的浮点秒数）并返回当地时间下的时间元组 t（t.tm_isdst 可取0或1，取决于当地当时是不是夏令时）
timemktime（tupletime）	接收时间元组并返回时间辍（1970纪元后经过的浮点秒数）
time.sleep（secs）	推迟调用线程的运行，secs 指秒数
time.strftime（fmt [, tupletime]）	接收时间元组，并返回以可读字符串表示的当地时间，格式由 fmt 决定
time.strptime（str, fmt = %a %b %d %H:%M:%S %Y）	根据 fmt 的格式把一个时间字符串解析为时间元组
time.time（）	返回当前时间的时间戳（1970纪元后经过的浮点秒数）

以下是使用 time 相关函数的示例：

```
>>> import time
>>> time.time()                           #返回当前时间戳
1570429793.5738578
>>> time.localtime()                      #返回当前时间构成的元组
time.struct_time(tm_year=2019, tm_mon=10, tm_mday=7, tm_hour=
14, tm_min=30, tm_sec=6, tm_wday=0, tm_yday=280, tm_isdst=0)
>>> time.strptime ('2019-10-01 14:31:56', '%Y-%m-%d %X') #
把字符串按指定格式返回时间元组
time.struct_time (tm_year=2019, tm_mon=10, tm_mday=1, tm_hour=
14, tm_min=31, tm_sec=56, tm_wday=1, tm_yday=274, tm_isdst=-1)
>>> time.strftime('%Y-%m-%d', time.localtime())
                                          #按指定格式显示当前时间
'2019-10-07'
```

3. datetime 模块

datetime 模块也是 Python 处理时间的一个模块，它基于 time 进行了重新封装，提供了更直观、更容易调用的函数和方法，它在支持日期和时间运算的同时，还能更有效地处理时间的格式化输出。

datatime 模块包含三个类——date、time 以及 datetime，每个类都有相应的处理函数。

（1）date 类。

date 类表示一个日期对象，由年、月、日组成。其构造函数如下：

class datetime.date（year, month, day）

三个参数分别为年、月、日。其中：

① year 的范围是 [MINYEAR, MAXYEAR]，即 [1, 9999]。

② month 的范围是 [1, 12]。

③ day 的最大值根据给定的 year、month 参数来决定。例如闰年 2 月份有 29 天。

date 类提供很多属性及函数供开发者使用，常用的函数及属性如下：

① date.max、date.min：返回 date 对象所能表示的最大、最小日期。

② date.year、date.month、date.day：返回 date 对象的年、月、日。

③ date.today()：返回一个表示当前本地日期的 date 对象。

④ date.fromtimestamp（timestamp）：根据给定的时间戳，返回一个 date 对象。

⑤ date.replace（year, month, day）：生成一个新的日期对象，用参数指定的年、

月、日代替原有对象中的属性（原有对象仍保持不变）。

⑥ date.timetuple()：返回日期对应的 time.struct_time 对象，等价于 time.localtime()。

⑦ date.weekday()：返回 weekday，如果是星期一，返回 0；如果是星期 2，返回 1；以此类推。

⑧ data.isoweekday()：返回 weekday，如果是星期一，返回 1；如果是星期 2，返回 2；以此类推。

⑨ date.isocalendar()：返回格式如（year，month，day）的元组。

⑩ date.isoformat()：返回格式如'YYYY-MM-DD'的字符串。

⑪ date.strftime（fmt）：自定义格式化字符串。

Data 类常用函数的应用示例如下：

```
>>> from datetime import date          #此种导入方式后可不需输入 datetime
>>> date.today()                        #返回当前日期的 date 对象
datetime.date(2019, 10, 10)
>>> a = date.today()                    #将该 date 对象赋值给变量 a
>>> a.year                              #显示该变量 year 属性
2019
>>> a.weekday()                         #返回变量处于星期四
3
>>> date.isoformat(a)
'2019-10-10'
>>> a.isoformat()
'2019-10-10'
>>> a.strftime("%Y-%m-%d")              #自定义该日期变量的格式
'2019-10-10'
>>>
```

（2）time 类。

time 类表示时间，由时、分、秒以及微秒组成。其构造函数如下：

class datetime.time（hour [，minute [，second [，microsecond [，tzinfo]]]]）

四个参数分别为小时、分、秒、毫秒以及时区。其中：

① hour 的范围为 [0，24]。

② minute 的范围为 [0，60]。

③ second 的范围为 [0，60]。

④ microsecond 的范围为 [0，1000000]。

time 类常用属性及函数如下：

① time.min、time.max：time 类所能表示的最小、最大时间。其中，time.min = time (0, 0, 0, 0)，time.max = time (23, 59, 59, 999999)。

② time.resolution：时间的最小单位，这里是 1 微秒。

③ time.hour、time.minute、time.second、time.microsecond：时、分、秒、微秒。

④ time.tzinfo：时区信息。

⑤ time（[hour [, minute [, second [, microsecond [, tzinfo]]]]]）：构造函数，返回一个 time 对象，所有参数均可选。

⑥ time.replace（[hour [, minute [, second [, microsecond [, tzinfo]]]]]）：创建一个新的时间对象，用参数指定的时、分、秒、微秒代替原有对象中的属性（原有对象仍保持不变）。

⑦ time.isoformat（）：返回型如"HH：MM：SS"格式的字符串表示。

⑧ time strftime（fmt）：返回自定义格式化字符串。

time 类常用函数及属性的应用示例如下：

```
>>> t1 = time(16, 20, 48)              #将创建的 time 对象赋值给变量 t1
>>> t1.replace(20, 20, 50)
#创建新的 time 对象，但并未将它赋值给任何变量
datetime.time (20, 20, 50)             #创建新的 time 对象并赋值给变量 t2
>>> t2 = t1.replace(hour = 20, minute = 20)
>>> t1.strftime("% I:% M:% S")         #按指定格式显示 t1
'04: 20: 48'
>>> t2.strftime("% I:% M:% S")         #按指定格式显示 t2
    '08: 20: 48'
```

（3）datetime 类。

datetime 是 date 与 time 的结合体，包括 date 与 time 的所有信息。其构造函数如下：

datetime.datetime（year, month, day [, hour [, minute [, second [, microsecond [, tzinfo]]]]]）

其中参数的含义与 date、time 的构造函数中的一样。

datetime 类常用的类属性与函数如下：

① datetime.min、datetime.max：datetime 所能表示的最小值与最大值。

② datetime.resolution：datetime 最小单位。

③ datetime.year、month、day、hour、minute、second、microsecond、tzinfo：与 date、time 类相关参数一致。

④ datetime.today（）：返回一个表示当前本地时间的 datetime 对象。

⑤ datetime.now（[tz]）：返回一个表示当前本地时间的 datetime 对象，如果提供了参数 tz，则获取 tz 参数所指时区的本地时间。

⑥ datetime.utcnow（）：返回一个当前 utc 时间（0 时区）的 datetime 对象。

⑦ datetime.utcfromtimestamp（timestamp）：根据时间戳创建一个 datetime 对象。

⑧ datetime.combine（date，time）：根据 date 和 time，创建一个 datetime 对象。

⑨ datetime.strptime（date_string，format）：将格式字符串转换为 datetime 对象。

⑩ datetime.date（）：获取 date 对象。

⑪ datetime.time（）：获取 time 对象。

⑫ datetime.replace（[year [，month [，day [，hour [，minute [，second [，microsecond [，tzinfo]]]]]]]]）：创建一新的 datetime 模块。

⑬ datetime.weekday（）：返回 datetime 对象处于周几。

⑭ datetime.isoformat（[sep]）：返回标准格式的 datetime 对象组成的字符串。

⑮ datetime.strftime（fmt）：返回自定义格式化字符串。

⑯ datetime.strptime（date_string，fmt）：按指定格式将某字符串转化为 datetime 对象。

datetime 类函数及属性的应用示例如下：

```
>>> from datetime import datetime
>>> dt = datetime(2019,10,10,16,30,48)   #定义 datetime 对象并赋值给 dt
>>> print(dt)
2019-10-10 16:30:48
>>> print(type(dt))                       #输出 dt 的类型
<class 'datetime.datetime'>
>>> dt1 = datetime.now()                  #显示带时区当前时间并赋值给 dt1
>>> print(dt1)
2019-10-14 13:50:59.709977
>>> dt2 = datetime.utcnow()               #显示 0 时区当前时间并赋值给 dt2
>>> print(dt2)
2019-10-14 05:52:14.570164
>>> import time
>>> dt3 = datetime.fromtimestamp(time.time())
                                          #根据当前时间戳转换为 datetime 对象
```

```
>>> print(dt3)
2019-10-14 13:54:56.892232
>>> d = dt3.date()                                              #获取dt3的date对象
>>> print(d)
2019-10-14
>>> print(type(d))
<class 'datetime.date'>
>>> print(dt3.strftime('%Y/%m/%d %H:%M:%S'))        #格式化dt3对象
2019/10/14 13:54:56
```

4. calendar 模块

calendar 模块主要提供与日历处理相关的函数，该模块常用函数及功能见表 5-5。

表 5-5 calendar 模块相关函数说明

函 数	描 述
calendar.calendar（year, w=2, l=1, c=6）	返回一个多行字符串格式的 year 年年历，3 个月一行，间隔距离为 c。每日宽度间隔为 w 字符。每行长度为 21*w+18+2*c。l 是每星期行数
calendar.firstweekday（）	返回当前每周起始日期的设置。默认情况下，首次载入 caendar 模块时返回 0，即星期一
calendar.isleap（year）	是闰年返回 True，否则为 False
calendar.leapdays（y1, y2）	返回在 y1，y2 两年之间的闰年总数
calendar.month（year, month, w=2, l=1）	返回一个多行字符串格式的 year 年 month 月日历，两行标题，一周一行。每日宽度间隔为 w 字符。每行的长度为 7*w+6。l 是每星期的行数
calendar.monthcalendar（year, month）	返回一个整数的单层嵌套列表。每个子列表装载代表一个星期的整数。year 年 month 月外的日期都设为 0；范围内的日子都由该月第几日表示，从 1 开始
calendar.monthrange（year, month）	返回两个整数。第一个是该月的星期几的日期码，第二个是该月的日期码。日从 0（星期一）到 6（星期日）；月从 1 到 12
calendar.prcal（year, w=2, l=1, c=6）	相当于 print calendar.calendar（year, w, l, c）
calendar.prmonth（year, month, w=2, l=1）	相当于 print calendar.calendar（year, w, l, c）

续上表

函　数	描　述
calendar.setfirstweekday（weekday）	设置每周的起始日期码。0（星期一）到6（星期日）
calendar.timegm（tupletime）	和 time.gmtime 相反：接受一个时间元组形式，返回该时刻的时间戳（1970纪元后经过的浮点秒数）
calendar.weekday（year,month,day）	返回给定日期的日期码。0（星期一）到6（星期日）。月份为1（一月）到12（12月）

注：在日历中，每周第一天默认是周一，周日是最后一天。

以下是使用 clendar 模块相关函数的示例：

```
>>> import calendar
>>> print(calendar.month(2019, 10))    #打印指定时间日历
    October 2019
Mo Tu We Th Fr Sa Su
    1  2  3  4  5  6
 7  8  9 10 11 12 13
14 15 16 17 18 19 20
21 22 23 24 25 26 27
28 29 30 31
>>> calendar.weekday(2020, 1, 1)       #查看2020年1月1日是星期几
2V >>> calendar.isleap(2020)           #判断是否为闰年
True
>>>
```

5. random 库

random 库主要作用是生成随机数，该库提供了不同类型的随机数函数，其中最基本的函数是 random.random（），它生成一个 [0.0，1.0）之间的随机小数，所有其他随机函数都是基于这个函数扩展而来。随机数常用于数学及游戏等相关编程。该模块常用函数即功能见表 5-6。

表 5-6 random 模块相关函数说明

函　　数	描　　述
seed（a = None）	初始化随机数种子，默认值为当前系统时间
random（）	生成一个 [0.0,1.0) 之间的随机小数
randint（a,b）	生成一个 [a,b] 之间的整数
getrandbits（k）	生成一个 k 比特长度的随机整数
randrange（start，stop [，step]）	生成一个 [start，stop) 之间以 step 为步数的随机整数
uniform（a,b）	生成一个 [a, b] 之间的随机小数
choice（seq）	从序列类型（例如：列表）中随机返回一个元素
shuffle（seq）	将序列类型中元素随机排列，返回打乱后的序列
sample（pop,k）	从 pop 类型中随机选取 k 个元素，以列表类型返回

以下是使用 random 模块相关函数的示例：

```
>>> from random import *
>>> random()
0.37626422876417087
>>> seed(10)
>>> random()
0.5714025946899135
>>> random()
0.4288890546751146
>>> seed(10)               #再次设置相同的种子，则后续产生的随机数相同
>>> random()
0.5714025946899135
>>> random()
0.4288890546751146
>>>
```

思考与练习

（1）简述编程过程中使用函数的优点。

（2）编写一个函数，实现将摄氏温度转换为华氏温度，转换公式为：c * 1.8 + 32，

并在程序中实现该函数的调用。

（3）编写一个函数，该函数接收包含 1～30 的 30 个整数的列表 lst 和一个整数 n 作为参数。返回一个新列表。新列表要求将列表 lst 中下标 n 之前的元素逆序，下标 n 之后的元素逆序，并实现该函数的调用。

（4）编写一个函数，利用可变参数定义一个任意数值的最小函数 min_n（a，b，*c），并实现该函数的调用。

（5）编写一个返回多值的函数（函数名称自拟），返回制定列表数据的最大值、最小值和元素个数，并实现该函数的调用。

第 6 章 面向对象程序设计

面向对象程序设计（Object Oriented Programming，OOP）是一种编程思想。OOP将数据以及对数据的操作封装在一起，组成一个相互依存、不可分割的整体，即对象。对象作为一个程序的基本单元，系统对同种类型的对象进行分类、抽象，得出共有的特征从而形成了类，面向对象程序设计的关键是如何合理地定义和组织这些类以及类之间的关系。

本章主要介绍面向对象的基本概念、类的定义与使用，以及类的继承和多态。

6.1 面向对象概述

6.1.1 面向对象程序设计基础

程序设计方法分为面向过程程序设计和面向对象程序设计。

面向过程程序设计是以算法（功能）为中心，程序 = 算法 + 数据结构，算法和数据结构之间的耦合度很高。因此，当数据结构发生变化后，所有与该数据结构相关的语句和函数都需要修改，给程序员带来很大负担。

面向对象程序设计是将软件结构建立在对象上，而不是功能上，通过对象来模拟现实世界中的事物，使计算机求解问题更加类似于人类的思维活动。面向对象使用类来封装程序和数据，对象是类的实例。程序被视为一组对象的集合，而每个对象都可以接收其他对象发过来的消息，并处理这些消息。计算机程序的执行就是一系列消息在各个对象之间传递。以对象作为程序的基本单元，提高了软件的重用性、灵活性和扩展性，是目前软件开发领域的主流技术。

面向对象程序设计具有三大基本特征：封装性、继承性和多态性。

1. 封装性

封装是面向对象程序设计的核心思想。设计类的属性和方法，实际上就是对类进行"封装"操作，即设计者将类的功能实现细节写在类中，只留出必要的属性和方法提供给类的使用者使用。使用者只需要知道开发者提供了哪些接口，而不需要了解其内部的具体实现，这个过程即为"封装"。

采用封装思想保证了类内部数据结构的完整性，使用者不能直接看到类中的数据结构，而只能按照指定的协议通过指定的接口访问类的数据，这样可避免外部对内部数据的影响，提高程序的可维护性。

2. 继承性

在现有类的基础上通过添加属性或方法来对现有类进行扩展，派生出新类的现象称为类的继承机制，也称为继承性。通过继承创建的新类称为子类或派生类，被继承的类称为父类或基类。继承的过程，就是从一般到特殊的过程。

子类无须重新定义在父类中已经声明的属性和行为，而是自动拥有其父类的属性和行为。子类既具有继承下来的属性和行为，又具有自己新定义的属性和行为。在软件开发中，类的继承性使软件具有开放性、可扩充性，实现了代码重用，有效地缩短了程序的开发周期。

3. 多态性

多态性是指父类定义的属性或行为，被子类继承后，可以具有不同的数据类型或者表现出不同的行为特性。相同的操作、方法作用于不同类型的对象上可获得不同的结果，即不同的对象收到同一消息，可产生不同的结果。多态性增强了软件的灵活性和重用性。

6.1.2　类和对象

类是具有相同属性和行为的一组对象的集合，是封装对象的属性和行为的载体。在面向对象的编程语言中，类是一个独立的程序单位，由类名来标识，包括属性定义和行为定义两个主要部分。

现实世界中客观存在的每一个相对独立的事物都可以看成一个对象，如一个人、一本书、一辆汽车等。对象是具有某些特征和功能的具体事物的抽象。每个对象都有具有其特征的属性和行为，如一个人有姓名、性别、年龄、身高、体重等特征属性，也有行走、吃饭、学习、休息等行为；一辆车有颜色、车门数、车轮数、载客量等属性，也有启动、行驶、加速、减速、刹车等行为。对象是系统中用来描述客观事物的一个实体，它是一组属性和有权对这些属性进行操作的一组行为的封装体。

类与对象的关系就如模具和铸件的关系，类的实例化结果就是对象，对一组对象的抽象就是类。每个对象都有一个类型，类是创建对象实例的模板，是对对象的抽象和概括。类描述了一组有相同属性（变量）和相同行为（方法）的对象。

6.2 类的定义与使用

6.2.1 定义类

在 Python 中，使用 class 关键字定义类，定义类的语法格式如下：

class 类名：
  '''类的帮助信息'''
  类体

说明：

（1）类名：类名的首字母一般用大写，应遵循 Python 命名规范。

（2）类的帮助信息：使用三引号对类进行必要的注释。设置后在创建对象时，输入类名和左侧括号后，将显示该注释信息。

（3）类体主要由成员变量、成员方法等定义语句组成。定义类时，如果暂时还没有确定如何实现功能，可先使用 pass 语句"占位"，等以后再具体实现。

【例 6-1】定义一个 People 人员类，暂不实现功能。代码如下：

```
class People:
    '''声明一个人员类 People'''
    pass
```

6.2.2 创建类的实例

对象是类的实例，class 语句本身并不创建该类的任何实例。类定义以后，可以创建类的实例，即该类的对象。Python 创建类的语法格式如下：

对象名 = 类名（参数列表）

当一个类在定义时，没有创建 __init__() 方法，或当 __init__() 方法只有一个 self 参数时，参数列表可以省略。

【例 6-2】创建一个 People 类的对象。代码式如下：

```
class People:
    '''声明一个人员类 People'''
    pass
#主程序
p = People()              #创建 People 类的实例
print (p)
```

执行上面的代码,结果如图 6-1 所示。

```
========================= RESTART: C:/Python37/T6.1.py =========================
<__main__.People object at 0x000000C699665188>
>>>
```

图 6-1 例 6-2 的运行结果

在 Python 中,可以使用内置函数 isinstance() 测试一个对象是否为某个类的实例。使用内置函数 type() 可查看对象类型。举例如下:

```
>>> isinstance (p, People)
True
>>> type (p)
<class '__main__. People'>
```

6.2.3 构造方法和析构方法

1. 构造方法

定义类结构时,通常会创建一个特殊的__init__() 方法。该方法是 Python 中类的构造方法,一般为数据成员设置初始值或进行其他必要的初始化工作,创建对象时会自动被调用和执行。如果定义类时没有设计构造方法,Python 将提供一个默认的构造方法进行必要的初始化工作。注意,__init__() 方法的名称中,开头和结尾处是两个下画线。

__init__() 方法必须包含一个 self 参数,并且必须是第一个参数。self 参数是一个指向实例本身的引用,用于访问类中的变量和方法。在方法调用时会自动传递实际参数 self,因此当__init__() 方法只有一个参数时,创建类的实例,不需要指定实际参数。

【例 6-3】定义一个包含__init__() 方法的 People 类,并创建一个该类的对象。代码如下:

```
class People:
    '''声明一个人员类 - People'''
    def __init__(self, name, age):      #构造方法,注意 self 参数
        print("创建一个新的 People 对象")
        print("姓名:", name," 年龄:", age)
p = People("Tom", 18)                   #创建 People 类的实例
```

运行上面的代码，结果如图 6-2 所示。

```
========================= RESTART: C:/Python37/T6.2.py =========================
创建一个新的People对象
姓名: Tom  年龄: 18
>>>
```

图 6-2　例 6-3 的运行结果

在__init()__方法中，除了 self 参数外，还可以自定义一些参数，参数间使用逗号","进行分隔。

2. 析构方法

Python 中类的析构方法__del__()，用来释放对象占用的资源，在 Python 删除对象和收回对象空间时被自动调用和执行。如果用户没有定义类的析构方法，Python 将提供一个默认的析构方法进行必要的清理工作。

【例 6-4】为例 6-3 的 People 类增加一个__del__() 析构方法，创建一个该类的对象，然后删除该对象。代码如下：

```
class People:
    '''声明一个人员类 - People'''
    def __init__(self, name, age):
        print("创建一个新的 People 对象")
        print("姓名:", name,"年龄:", age)
    def __del__(self):
        print("People 不存在了!")
p = People("Tom", 18)
del p                   #删除对象 p, 系统自动调用析构方法__del__()
```

运行结果如图 6-3 所示。

```
========================= RESTART: C:/Python37/T6.3.py =========================
创建一个新的People对象
姓名: Tom    年龄: 18
People 不存在了!
>>>
```

图 6-3　例 6-4 的运行结果

6.2.4　类变量和实例变量

类的成员变量分为两种：类变量和实例变量。

1. 类变量

当一个类定义后，就产生一个同名的类对象。类变量即类对象的变量，是指在类中方法之外定义的变量。类变量属于类对象，不依赖于某个实例对象，为类的所有实例共享。在类内部或类外部都可以用"类名.变量名"访问。在主程序中（类外部），类变量也可以通过实例名访问。

2. 实例变量

实例变量是指在类的方法（主要是构造方法__init__）中定义的变量，只作用于当前实例。实例变量是与某个类的实例相关联的数据值，其独立于其他实例或类。当一个实例被释放后，相关实例变量同时被释放。

在 Python 中，实例变量要以 self 作为前缀定义，self 代表要创建的实例（对象）自身。以 self 定义的变量都是实例变量，该变量可以定义在任何实例方法内。实例变量的初始化一般通过定义__init__() 方法或__new__() 方法来完成。

调用实例变量有如下两种方法：

①在类内以"self.变量名"格式访问。

②在类的外部（如主程序中），实例变量属于实例对象，以"对象名.变量名"格式访问。

【例6-5】定义含有实例变量（姓名 name，年龄 age）和类变量（人数 counter）的人员类 People。代码如下：

```python
class People:
    '''声明一个人员类 - People'''
    counter = 0          #类变量
    def __init__(self, name1, age1):                    #构造方法
        self.name = name1
        self.age = age1
        People.counter = People.counter + 1
    def printInfo(self):                                 #成员方法
        print("姓名:", self.name,"年龄:", self.age)      #访问实例变量
    def printCounter (self):    #成员方法
        print("总人数:", People.counter)                 #访问类变量
#主程序
p1 = People("Tom", 18)                                   #实例化生成对象 p1
p1.printInfo()
p1.printCounter()
p2 = People("Jarry", 20)                                 #实例化生成对象 p2
```

```
p2.printInfo()
p2.printCounter()
People.counter=100                    #修改类变量
p1.printCounter()
```

程序运行结果如图6-4所示。

```
========================= RESTART: C:/Python37/T6.4.py =========================
姓名: Tom 年龄: 18
总人数: 1
姓名: Jarry 年龄: 20
总人数: 2
总人数: 100
>>>
```

图6-4 例6-5的运行结果

6.2.5 访问限制

在类的内部可以定义变量和方法,而在类的外部则可以直接调用变量或方法来操作数据,从而隐藏了类内部的复杂逻辑。但是,Python 并没有对变量和方法的访问权限进行限制。为保证类内部的某些变量或方法不被外部访问,可以在变量或方法名前面添加单下画线(_)、双下画线(__)或首尾加双下画线(__memberName__),从而限制访问权限。

(1)_memberName:以单下画线开头的表示保护类型(protected)的成员,只允许类自身和子类内部成员方法访问。不能用"from module import *"导入。

(2)__memberName:以双下画线开头的表示私有成员(private),只允许类对象自己访问,子类对象也不能访问。Python 并没有对私有成员提供严格的访问保护机制,通过"实例._类名__memberName"特殊方式可以在外部程序中访问私有成员,但会破坏类的封装性,应尽量避免以此方式访问私有成员。

(3)__memberName__:首尾双下画线一般表示系统定义的特殊成员,如__init__()等。

私有变量是为了数据封装和保密设置的变量,一般只能在类的成员方法(类的内部)中访问。虽然 Python 支持一种特殊的方式从外部直接访问类的私有成员,但并不推荐。公有变量可以公开使用,既可以在类的内部进行访问,也可以在外部程序中访问。

【例6-6】创建一个具有私有变量的 Fruit 类。代码如下:

```
class Fruit:
    __num = 0                              #定义类变量
    def __init__(self, c, p):
        self.color = c                     #定义公共变量color
        self.__price = p                   #定义私有变量__price
    Fruit.__num = Fruit.__num + 1
#主程序
apple = Fruit("red", 5)
print(apple.color)
apple.color = "green"                      #修改公有变量的值
print(apple.color)
print(apple._Fruit__price)
                                           #用特殊方法访问私有变量：对象名._类名+私有变量名
#print(apple.__price)                      #不能直接访问对象的私有变量，否则出错！
```

运行结果如图 6-5 所示。

```
========================== RESTART: C:/Python37/T6.5.py ==========================
red
green
5
>>>
```

图 6-5 例 6-6 的运行结果

如果直接访问对象的私有变量，将出现 "AttributeError：'Fruit' object has no attribute '__price'" 的错误提示。

在 IDLE 环境中，输入对象或类名后面加上一个圆点 "."，稍等片刻，则会自动列出其所有的公有成员，模块也具有相同的特性。如果在圆点 "." 后再加一个下画线，则会列出该对象或类的所有成员，包括私有成员。

6.2.6 实例方法、类方法和静态方法

1. 实例方法

实例方法是绑定在类的实例上的方法，只能通过实例对象调用，并且在实例方法内可以通过 self 参数直接访问调用该方法的实例本身。在 Python 中，在类中声明的方法默认为实例方法。实例方法需要在所有参数前添加一个指向调用该方法的实例参数，一般用 self 来表示。执行时，自动将调用该方法的对象赋给 self。

创建实例方法的语法格式：

```
def 方法名 (self, 参数列表):
    方法体
```

说明：

①self 为必要参数，表示类的实例，其名称也可以是其他单词，习惯上使用 self。

②参数列表用于指定除 self 以外的参数，各参数之间用逗号","进行分隔。

③方法体为实现具体功能的程序块。

实例方法创建完成后，可以通过类的实例名称和点（.）操作符访问。具体语法格式如下：

对象名.方法名（参数列表）

说明：参数列表为方法指定的实际参数，即实例方法定义中除 self 之外的其他参数。

2. 类方法

类方法就是类对象所拥有的方法。类方法在定义时需要使用修饰器@ classmethod 声明。类方法必须以 cls 作为第一个参数，cls 表示类本身，通过它来传递类的属性和方法（不能传递实例的属性和方法）。在调用类方法时不需要为该参数传递值；执行类方法时，系统自动将调用该方法的类赋值给 cls 参数。类方法可以通过类名或实例对象名来调用。

3. 静态方法

静态方法不需要默认的任何参数，和一般的普通方法类似，但是方法内不能使用任何实例变量。静态方法在声明时需要使用修饰器@ staticmethod 声明，即在函数声明的上一行添加修饰器。静态方法中不能直接访问属于对象的成员，只能访问属于类的成员。静态方法既可以通过类名进行调用，也可以通过实例对象进行调用。Python 中的静态方法常用于工具函数的封装。

【例 6-7】实例方法、类方法和静态方法举例。代码如下：

```
class People:
    '''声明一个人员类 - People'''
    __counter = 0                              #类变量
    def __init__(self, name, age):             #构造方法
        self.__name = name
        self.__age = age
        People.__counter += 1

    def showInfo (self):                       #实例方法
        print("name:", self.__name," age:", self.__age)
```

```
        print("People counter:", People.__counter)

    @classmethod                      #类方法
    def classShowCounter(cls):
        print("counter in classmethod:", cls.__counter)

    @staticmethod                     #静态方法
    def staticGetCounter():
        print("in staticmethod:", People.__counter)

#主程序
p1 = People("Tom", 18)
p1.showInfo()
p2 = People("Jarry", 20)
p2.showInfo()
People.staticGetCounter()             #调用静态方法
People.classShowCounter()             #通过类名调用类方法
p2.classShowCounter()                 #通过对象名调用类方法
```

程序的运行结果如图6-6所示。

```
========================= RESTART: C:/Python37/T6.6.py =========================
name: Tom age: 18
People counter: 1
name: Jarry age: 20
People counter: 2
in staticmethod: 2
counter in classmethod: 2
counter in classmethod: 2
>>>
```

图6-6 例6-7的运行结果

6.3 继承

6.3.1 类的继承

继承是面向对象编程的重要特性之一。当要定义的一个类和一个已存在的类之间存在继承关系时，可以通过继承实现代码重用，减少工作量，提高开发效率。在程序设计中实现继承，表示这个类拥有它继承的类的所有非私有成员。继承关系中，已定义好的类称为父类或基类,新设计的类称为子类或派生类。

在类定义语句中,类名右侧使用一对小括号将要继承的父类名括起来,即可实现类的继承。语法格式如下:

class 类名 (父类名):
    '''类的帮助信息'''
    类体

说明:

(1) 在类定义中,可以在类名后的小括号内指定要继承的父类。

(2) 如果有多个父类,父类名之间用逗号","间隔。如果不指定,将使用所有 Python 对象的根类 Object。

Python 继承具有以下特点:

(1) 在继承中,父类的构造方法__init__() 不会自动被调用,需要在子类的构造方法中专门调用。

调用方法为"父类名.__init__(self,参数表)";也可以使用"super().__init__(self,参数表)"方式来调用父类的构造方法。

(2) 在继承关系中,子类继承了父类所有的公有变量和方法,可以在子类中通过父类名来调用。而对于父类中私有的变量和方法,子类不能继承,因此在子类中是无法访问的。

(3) 在子类中调用父类的方法,需要以"父类名.方法名(self,参数表)"的方式调用,并且要传递 self 参数。也可以使用内置函数 super () 实现这一目的。调用本类的实例方法时,不需要加 self 参数。

(4) 如果某些父类方法的功能不能满足需求,可以在子类重写父类中的方法,要求方法头部完全相同。

(5) Python 总是先在本类查找调用的方法,如果找不到,再到父类中去查找。

【例6-8】定义一个动物类 Animal,有 name、age 两个变量和 sleep () 和 eat () 两个方法。子类 Dog 也包含上述两个变量和两个方法,还有自己特有的变量(color)和方法(bark)。代码如下:

```
class Animal():                          #定义父类 Animal
    def __init__(self, name, age):
        self.name = name
        self.age = age
def eat (self):
    print("Animal" + self.name + "is eating foods")
    def sleep (self):
```

```python
        print("Animal " + self.name + " is sleeping")
class Dog (Animal):                          #声明子类Dog
    def __init__(self, name, age, color = "black"):
        super().__init__(name, age)          #调用父类的构造方法
        self.color = color
    def bark (self):                         #子类实例方法
        print("Dog " + self.name + " is barking, it is" + self.color)
#主程序
kimi = Dog ('kimi', 3, 'white')              #实例化子类
kimi.bark()                                  #调用子类的方法
kimi.eat()                                   #调用继承的父类方法
kimi.sleep()
```

程序的运行结果如图6-7所示。

```
========================= RESTART: C:/Python37/T6.7.py =========================
Dog kimi is barking ,it is white
Animal kimi is eating foods
Animal kimi is sleeping
>>>
```

图6-7 例6-8的运行结果

【例6-9】设计People类,并根据People类设计子类Student。分别创建People类和Student类的子类。代码如下:

```python
class People:
    __counter = 0
    def __init__(self, n, a):                #定义构造方法
        self.__name = n
        self.__age = a
        People.__counter += 1
    def showInfo(self):
        print("%s 说:我%d 岁。" % (self.__name, self.__age))
class Student(People):
    def __init__(self, n, a, g):
        People.__init__(self, n, a)          #调用父类的构造方法
        self.__grade = g
    def showInfo (self):
```

```
        People.showInfo(self)              #调用父类方法 showInfo()
        #super(Student, self).showInfo()   #使用super函数调用父类方法
        #super().showInfo()
        print("我在读%d年级。"%(self.__grade))
#主程序
s = Student('ken', 11, 6)
s.showInfo()
```

以上程序的运行结果如图6-8所示。

```
========================= RESTART: C:/Python37/T6.8.py =========================
ken 说：我 11 岁。
我在读 6 年级。
>>>
```

图6-8 例6-9的运行结果

6.3.2 子类和父类的关系

子类和父类的关系是"is"的关系。例如Dog类是Animal类的子类，类Animal实例化生成a，类Dog实例化生成d，则我们可以说：

"a"是Animal的实例，但"a"不是Dog的实例。

"d"是Animal的实例，"d"也是Dog的实例。

函数instance()用于判断一个对象是否为某个类的实例。格式为：

isinstance(obj, Class)

判断obj是否为Class类或Class子类的实例，是则返回True。

【例6-10】判断类之间关系举例。代码如下：

```
class Animal(object):
    pass
class Dog(Animal):
    pass
#主程序
a = Animal()
d = Dog()
print('"a" IS Animal? ', isinstance(a, Animal))
print('"a" IS Dog? ', isinstance(a, Dog))
print('"d" IS Animal? ', isinstance(d, Animal))
print('"d" IS Dog? ', isinstance(d, Dog))
```

程序运行结果如图6-9所示。

```
======================== RESTART: C:/Python37/T6.9.py ========================
"a" IS Animal? True
"a" IS Dog? False
"d" IS Animal? True
"d" IS Dog? True
>>>
```

图6-9 例6-10的运行结果

函数issubclass（sub, super）可以判断一个类sub是否为另一个类super的子类或子孙类，是则返回True。另外type（obj）函数返回对象obj的类型，也可用于对象的类型判断。

【例6-11】issubclass（）函数和type（）函数应用举例。代码如下：

```python
class Animal(object):
    pass
class Dog(Animal):
    pass
#主程序
a = Animal()
d = Dog()
print("type(a)== Animal?", type(a)==Animal)
print("type(d)== Dog?", type(d)==Dog)
print("type(d)== Animal?", type(d)==Animal)
print("Dog is Animal's subclass ?", issubclass(Dog, Animal))
```

以上代码运行结果如图6-10所示。

```
======================== RESTART: C:/Python37/T6.10.py ========================
type(a)== Animal? True
type(d)== Dog? True
type(d)== Animal? False
Dog is Animal's subclass ? True
>>>
```

图6-10 例6-11的运行结果

6.3.3 方法重写

子类继承父类的所有功能，子类对象可以直接使用父类中定义的方法。当父类的某个方法不完全适用于子类时，需要在子类中重新定义该方法，新定义的方法就屏蔽了父类的方法。子类的对象调用时，就会使用新定义的方法，这种情况就称为方法的重写或覆盖。子类中也可以使用super（）函数调用父类中已被覆盖的方法。

【例6-12】重写父类的方法举例。代码如下：

```
class Parent:                              # 定义父类
    def testMethod (self):
        print('调用父类方法')
class Child(Parent):                       # 定义子类
    def testMethod(self):
        print('调用子类方法')
        #Parent.testMethod(self)           #子类中调用父类被覆盖的方法
        #super(Child, self).testMethod()   #子类中调用父类被覆盖的方法
#主程序
c = Child()                                #子类实例
c.testMethod()                             #子类调用重写方法
super(Child, c).testMethod()               #用子类对象调用父类已被覆盖的方法
```

执行以上程序的结果如图6-11所示。

```
========================= RESTART: C:/Python37/T6.11.py =========================
调用子类方法
调用父类方法
>>>
```

图6-11 例6-12的运行结果

6.3.4 子类继承父类的构造方法

在Python的继承关系中，若子类的构造方法没有覆盖父类的构造方法__init__()，则在创建子类对象时，会自动调用父类中的构造方法。

当子类中的构造方法__init__()覆盖了父类中的构造方法时，创建子类对象，将执行子类中的构造方法，不会自动调用父类中的构造方法。

子类的构造方法中可以调用父类的构造方法，调用父类的构造方法如下：

（1）父类名.__init__(self，参数列表)。

（2）super（子类名，self）.__init__(参数列表)。

函数super（子类名，self）将返回当前子类的父类，self参数已在super（）中传入。之后调用__init__()方法时将隐式传递，不能再写self参数。

【例6-13】设计圆类Circle，根据Circle派生出球体Ball类。代码如下：

```python
from math import pi
class Circle(object):                          #定义圆类 Circle
    def __init__(self, radius):                #定义构造方法
        self.__radius = radius                 #初始化私有变量半径
    def getRadius(self):
        return self.__radius
    def setRadius(self, radius):
        self.__radius = radius
    def area(self):                            #计算圆面积
        return pi* self.__radius**2
    def cir(self):                             #计算圆周长
        return 2* pi* self.__radius
    def __str__(self):                         #返回对象的字符串表达式
        return " 半径是:" +str(self.__radius)

class Ball(Circle):                            #定义子类球体 Ball
    def __init__(self, radius):
        super(Ball, self).__init__(radius)
        #通过 super() 函数调用父类构造方法
        #Circle.__init__(self, radius)
        #方法2：通过类名调用父类构造方法
    def area(self):
        return 4* pi* self.getRadius()**2
    def volume(self):
        return 4/3* pi* self.getRadius()**3
    def __str__(self):
        return super(Ball, self).__str__()
        #return Circle.__str__(self)
#主程序
c = Circle(4)
print(c)
print(c.area())
print(c.cir())
b = Ball(4)
```

```
print(b)
print(b.area())
print(b.volume())
```

上面代码运行结果如图6-12所示。

```
======================= RESTART: C:/Python37/T6.12.py =======================
半径是:4
50.26548245743669
25.132741228718345
半径是:4
201.06192982974676
268.082573106329
>>>
```

图6-12 例6-13的运行结果

6.3.5 多重继承

所谓的多重继承,是指一个子类可以有多个父类的继承方式。如果一个类同时继承多个父类,则子类继承所有父类的变量和方法。如果多个父类有相同的方法,而子类中没有定义该方法,当子类对象调用此方法时,将从左至右搜索父类,即方法在子类中未找到时,将从左到右查找父类中是否包含该方法。

【例6-14】多重继承举例。代码如下:

```
class People:
    #定义构造方法
    def __init__(self, n, a):
        self.name = n
        self.age = a
    def speak(self):
        print("%s说:我%d岁。"% (self.name, self.age))
#单继承示例
class Student(People):
    def __init__(self, n, a, g):
        #调用父类的构造方法
        People.__init__(self, n, a)
        self.grade = g
    #覆写父类的方法
    def speak(self):
```

```
            print("%s 说：我%d 岁了，我在读%d 年级"% (self.name,
self.age, self.grade))
class Speaker():
    def __init__(self, n, t):
        self.name = n
        self.topic = t
    def speak(self):
        print("我叫%s，我是一个演说家，我演讲的主题是%s"% (self.name, self.topic))
#多重继承示例
class Sample(Speaker, Student):
    def __init__(self, n, a, g, t):
        Student.__init__(self, n, a, g)
        Speaker.__init__(self, n, t)
#主程序
s1 = Sample("Tom", 21, 3,"Python")
s1.speak()          #方法名同，默认调用的是在括号中排前父类的方法
```

程序的运行结果如图 6-13 所示。

```
========================= RESTART: C:/Python37/T6.13.py =========================
我叫 Tom，我是一个演说家，我演讲的主题是 Python
>>>
```

图 6-13 例 6-14 的运行结果

6.4 多态

在面向对象中，多态即多种形态，在类的继承中得以实现，在类的方法调用中得以体现。多态意味着变量并不知道引用的对象是什么，根据引用对象的不同表现、不同的行为方法，Python 中多态的方式可以分为以下几种：

(1) 通过继承机制，子类覆盖父类的同名方法。这样，通过子类对象调用时，调用的是子类的重写方法。

(2) 在定义类实例方法的时候，尽量把变量视作父类类型。这样，所有子类类型都可以正常被接收。

(3) 一个函数或方法的实际参数为不同类型时。比如内置函数 len（object），len( ) 函数不仅可以计算字符串的长度，还可以计算列表对象、元组对象中的元素个数，在

运行时通过参数类型确定其具体的计算方式，也属于多态。

【例6-15】多态举例。代码如下：

```python
class Animal(object):                              #定义父类Animal
    def __init__(self, name, age):
        self.name = name
        self.age = age
    def shout(self):
        print(self.name, '会叫')

class Cat(Animal):                                 #定义子类Cat
    def __init__(self, name, age, sex):            #声明子类构造方法
        super(Cat, self).__init__(name, age)
        self.sex = sex
    def shout(self):                               #重写父类shout()方法
        print(self.name, '会"喵喵"叫')

class Dog(Animal):                                 #定义子类Dog
    def __init__(self, name, age, sex):
        super(Dog, self).__init__(name, age)
        self.sex = sex
    def shout(self):                               #重写父类shout()方法
        print(self.name, '会"汪汪"叫')
#主程序
def do(animal):                                    #定义do函数，接受参数animal
    animal.shout()
a = Animal('white', 4)                             #实例化Animal生成a对象
tom = Cat('Tom', 2, 'male')                        #实例化Cat生成tom对象
spike = Dog('Spike', 5, 'female')                  #实例化Dog生成spike对象
for x in (a, tom, spike):
    do(x)
```

程序的运行结果如图 6-14 所示。

```
======================= RESTART: C:/Python37/T6.14.py =========================
white 会叫
Tom 会"喵喵"叫
Spike 会"汪汪"叫
>>>
```

图 6-14　例 6-15 的运行结果

6.5　特殊变量、方法与运算符重载

6.5.1　特殊变量和方法

除了自定义的变量和方法外，Python 类还有一些预设的特殊变量和特殊方法。这些变量或方法命名都以两个下画线起始和终止，如构造方法 __init__() 和析构方法 __del__() 等。这些特殊变量和方法为操作类以及类的对象提供了许多便利，见表 6-1。

表 6-1　Python 类的部分特殊变量和方法

方法名或属性名	功能描述
__init__(self,)	构造方法。初始化对象，在创建新对象时调用
__del__(self,)	析构方法。释放对象，在对象被删除之前调用
__new__(cls, * args, * * kwd)	初始化实例。在创建新对象之前调用，用于确定是否要创建对象
__call__(self [, args...])	允许一个类的实例像函数一样被调用：x (a, b) 调用 x.__call__(a, b)
__str__(self)	定义当被 str() 调用时的行为，在使用 print 语句时被调用
__repr__()	定义当被 repr() 调用时的行为，是为调试服务的
__len__(self)	在调用内置函数 len() 时被调用
__cmp__(src, dsc)	比较两个对象 src 和 dsc
__bytes__(self)	定义当被 bytes() 调用时的行为
__bool__(self)	定义当被 bool() 调用时的行为，应该返回 True 或 False
__format__(self, format_spec)	定义当被 format() 调用时的行为
__getattr__(self, name)	获取变量的值
__setattr__(self, name, value)	设置变量的值

续上表

方法名或属性名	功能描述
__delattr__(self, name)	删除变量
__dict__	类的变量（包含一个字典，由类的数据变量组成）
__doc__	类的文档字符串
__name__	类名
__module__	类定义所在的模块
__bases__	类的所有父类组成的元组

【例 6-16】类的特殊方法举例。代码如下：

```python
class Fruit:
    '''自定义的水果类'''
    def __init__(self, name, price):
        self.name = name
        self.price = price
    def __call__(self, *args, **kwargs):
        print("Fruit %s is tasteful." % (self.name))
    def __str__(self):
        return "The price of " + self.name + "is" + str(self.price)
    def __getattribute__(self, name):              #获取变量的方法
        return object.__getattribute__(self, name)
    def __setattr__(self, name, value):            #设置变量的方法
        self.__dict__[name] = value
if __name__ == "__main__":
    obj = Fruit("apple", 6)
    print("Fruit.__doc__:", Fruit.__doc__)
    print("(Fruit.__module__", Fruit.__module__)
    print("Fruit.__class__:", Fruit.__class__)
    print("Fruit.__dict__:", Fruit.__dict__)
    print("Fruit.__bases__:", Fruit.__bases__)
    obj()                            #执行 call() 方法
    print(obj)                       #如果定义了__str__() 方法，则调用
    obj.__dict__["_Fruit__price"] = 4.8      #设置 price 变量
    print(obj.__dict__.get("_Fruit__price"))  #获取 price 变量
```

程序的运行结果如图 6-15 所示。

```
======================== RESTART: C:/Python37/T6.15.py ========================
Fruit.__doc__: 自定义的水果类
(Fruit.__module__ __main__
Fruit.__class__: <class 'type'>
Fruit.__dict__: {'__module__': '__main__', '__doc__': '自定义的水果类', '__init__'
: <function Fruit.__init__ at 0x000000B053B14168>, '__call__': <function Fruit.__c
all__ at 0x000000B053B1EEE8>, '__str__': <function Fruit.__str__ at 0x000000B053B1
E168>, '__getattribute__': <function Fruit.__getattribute__ at 0x000000B053B26168>
, '__setattr__': <function Fruit.__setattr__ at 0x000000B053B6CB88>, '__dict__': <
attribute '__dict__' of 'Fruit' objects>, '__weakref__': <attribute '__weakref__'
of 'Fruit' objects>}
Fruit.__bases__: (<class 'object'>,)
Fruit apple is tasteful.
The price of apple is 6
4.8
>>>
```

图 6-15 例 6-16 的运行结果

6.5.2 运算符重载

在 Python 中可以通过运算符重载来实现对象之间的运算。Python 把运算符与类的方法关联起来，每个运算符对应一个方法，因此重载运算符就是实现相关方法。部分运算符与方法的对应关系见表 6-2。

表 6-2 Python 中部分运算符与特殊方法的对应

方法名	功能说明
__add__(self, other)	定义加法的行为：+
__sub__(self, other)	定义减法的行为：-
__mul__(self, other)	定义乘法的行为：*
__truediv__(self, other)	定义真除法的行为：/
__floordiv__(self, other)	定义整数除法的行为：//
__mod__(self, other)	定义取模算法的行为：%
__divmod__(self, other)	定义当被 divmod() 调用时的行为
__pow__(self, other [, modulo])	定义当被 power() 调用或 ** 运算时的行为
__lshift__(self, other)	定义按位左移位的行为：<<
__rshift__(self, other)	定义按位右移位的行为：>>
__and__(self, other)	定义按位与操作的行为：&
__xor__(self, other)	定义按位异或操作的行为：^
__or__(self, other)	定义按位或操作的行为：|

续上表

方法名	功能说明
__lt__(self, other)	定义小于号的行为：x < y 调用 x.__lt__(y)
__le__(self, other)	定义小于等于号的行为：x <= y 调用 x.__le__(y)
__eq__(self, other)	定义等于号的行为：x == y 调用 x.__eq__(y)
__ne__(self, other)	定义不等号的行为：x != y 调用 x.__ne__(y)
__gt__(self, other)	定义大于号的行为：x > y 调用 x.__gt__(y)
__ge__(self, other)	定义大于等于号的行为：x >= y 调用 x.__ge__(y)

【例 6-17】对 Fruit 类重载运算符举例。代码如下：

```
class Fruit:
    '''自定义的水果类'''
    def __init__(self, name, price):
        self.name = name
        self.price = price
    def __str__(self):
        return "The price of " + self.name + " is " + str(self.price)
    def __add__(self, other):
        return Fruit(self.name + " + " + other.name, self.price + other.price)
    def __sub__(self, other):
        return Fruit(self.name + " - " + other.name, self.price - other.price)
#主程序
apple = Fruit("apple", 5)
pear = Fruit("pear", 3)
print(apple + pear)
print(apple - pear)
```

程序的运行结果如图 6-16 所示。

```
========================== RESTART: C:/Python37/T6.16.py ==========================
The price of apple+pear is 8
The price of apple-pear is 2
>>>
```

图 6-16　例 6-17 的运行结果

思考与练习

（1）简述面向对象程序设计的概念以及对象和类的关系。

（2）定义一个圆柱体类 Cylinder，包含底面半径和高两个属性，以及一个计算表面积的方法和一个计算体积的方法。创建一个 Cylinder 的实例，并输出其表面积和体积。

（3）定义一个账户类 Account，包含账号、姓名、余额等属性，以及查询信息、存款、取款等方法。创建一个余额为 3 000 元的 Account 账户，然后从该账户取款 1 000 元，存款 300 元，打印输出该账户的信息。

（4）堆栈是一种常见的数据结构，是一种特殊的线性表，限定插入和删除数据元素的操作只能在线性表的一端进行，堆栈的这种特点称为"后进先出"。使用列表定义一个容量为 10 的堆栈类 MyStack，具有 push（ ）方法可以将一个元素入栈，pop（ ）方法将栈顶的元素出栈。创建一个 MyStack 的实例，并测试其功能。

（5）定义一个形状类 Shape，包含计算面积的方法。以它为父类派生出圆、长方形等子类。分别创建子类的实例，并对类的功能进行测试。

第 7 章
文件相关操作

文件是存储在辅助存储器上的一组数据序列，它可以包含任何数据内容。相较于内存只临时存放数据相关信息而言，文件允许长时间保存信息并重复使用，是计算机保存信息的重要方式。

本章主要介绍文件的相关知识和相关操作。

7.1 文件的类型

从概念上来说，文件是数据的集合和抽象。根据文件不同的编码方式和组织形式，文件可分为两种类型：文本文件和二进制文件。

文本文件一般由单一特定编码（如 ASCⅡ码、UTF-8 编码等）的字符组成，内容容易统一展示和阅读。文本文件通常用于存储常规的字符串如字母、函数、数字等，在 Windows 平台中，扩展名为".txt"".ini"".log"的文件都属于文本文件，普通的文本编辑器如记事本之类的软件都可以打开文本文件并正常显示。

文本文件只根据编码保存基本的文本字符，不保存字符的字体、颜色、字号等信息，所以打开文本文件时是没有格式的，只以默认方式显示。

二进制文件则是根据不同需求将信息按照非字符编码方式而采用其他特定方式保存的文件。这类文件内部数据的组织格式与文件用途有关。常见的 office 文件、图形图像、各类音视频文件、各类数据库文件等都属于二进制文件。二进制文件由于每一种不同类型文件采取特定编码方式保存，所以该类型文件无法使用记事本直接查看，它们依赖于与之相关的软件打开或运行，例如 jpeg 图像文件使用相关图像处理软件打开、AVI 视频文件使用视频相关软件打开。

7.2 文本文件和二进制文件的操作方法

Python 对文本文件和二进制文件采用统一的操作步骤,即"打开—操作—关闭"等步骤,先打开该文件并创建文件对象,然后通过对该文件对象的编辑操作完成文件的修改编辑,最后关闭并按要求保存好相关文件内容。

7.2.1 打开和关闭文件

Python 通过 open()函数打开一个文件,并返回一个操作这个文件的变量,其语法形式如下:

= open (<文件路径及文件名>, <打开模式>)

<变量名> = open (file, [mode = 'r', buffering = -1, encoding = None, ……])

file 参数是必需的,其余参数可选,通常仅使用 file 和 mode 参数。

其中:

(1) file:为一个包含整个文件完整路径的字符串。

(2) mode:是打开文件的方式,具体见表 7-1。打开模式使用字符串方式表示,其中,'r'、'w'、'x'、'a'可以和'b'、't'、'+'组合使用,形成既表达读写又表达文件模式的方式。例如,"rb+"表示以读写方式打开二进制文件,文件指针指向文件开头;"a+"表示以读写方式打开某个文件,文件指针指向文件结尾。

表 7-1 打开模式选项

打开模式	含 义
'r'	只读模式,如果文件不存在,返回异常 FileNotFoundError,默认值
'w'	覆盖写模式,文件不存在则创建,存在则完全覆盖源文件
'x'	创建写模式,文件不存在则创建,存在则返回异常 FileExistsError
'a'	追加写模式,文件不存在则创建,存在则在原文件最后追加内容
'b'	二进制文件模式
't'	文本文件模式,默认值
'+'	与 r/w/x/a 一同使用,在原功能基础上增加同时读写功能

(3) buffering:指定了读写文件的缓存模式。0 表示不缓存,-1 表示缓存,如大于 1 则表示缓冲区的大小。默认值是缓存模式。

(4) encoding:指定对文本进行编码和解码的方式,只适用于文本模式,可以使用 Python 支持的任何格式,如 GBK、utf8、CP936 等。

如果使用 open（）打开文件正常，则系统返回一个文件对象，通过该文件对象可以对文件进行相应读写操作。

当对文件操作完成后，必须关闭该文件对象以保证对文件所做的修改保存回文件中。关闭文件使用 close（）函数完成。

例如：

```
>>> f1 = open("d: \python介绍.txt")        #打开文件并赋给对象 f1
>>> a = f1.read ()                          #一次性读取文件内容并赋值给 a
>>> print (a)
Python是由Guido van Rossum于八十年代末和九十年代初，在荷兰国家数学和计算机科学研究所设计出来的一种程序设计语言。其本身是由诸多其他语言发展而来的，这包括ABC、Modula-3、C、C++、Algol-68、SmallTalk、Unix shell和其他的脚本语言等。
>>> f1.close ()                             #关闭文件对象
>>> f1 = open("d: \python介绍.txt"," rb")
#以二进制方式打开文件，文件被解析为字节流
>>> re = f1.read ()
>>> print (re)
b'Python\xca\xc7\xd3\xc9 Guido van Rossum\xd3\xda\xb0\xcb\xca\xae\xc4\xea\xb4\xfa\xc4\xa9\xba\xcd\xbe\xc5\xca\xae\xc4\xea\xb4\xfa\xb3\xf5\xa3\xac\xd4\xda\xba\xc9\xc0\xbc\xb9\xfa\xbc\xd2\xca\xfd\xd1\xa7\xba\xcd\xbc\xc6\xcb\xe3\xbb\xfa\xbf\xc6\xd1\xa7\xd1\xd0\xbe\xbf\xcb\xf9\xc9\xe8\xbc\xc6\xb3\xf6\xc0\xb4\xb5\xc4\xd2\xbb\xd6\xd6\xb3\xcc\xd0\xf2\xc9\xe8\xbc\xc6\xd3\xef\xd1\xd4\xa1\xa3\xc6\xe4\xb1\xbe\xc9\xed\xca\xc7\xd3\xc9\xd6\xee\xb6\xe0\xc6\xe4\xcb\xfb\xd3\xef\xd1\xd4\xb7\xa2\xd5\xb9\xb6\xf8\xc0\xb4,\xd5\xe2\xb0\xfc\xc0\xa8 ABC\xa1\xa2Modula-3\xa1\xa2C\xa1\xa2C++\xa1\xa2Algol-68\xa1\xa2SmallTalk\xa1\xa2Unix shell\xba\xcd\xc6\xe4\xcb\xfb\xb5\xc4\xbd\xc5\xb1\xbe\xd3\xef\xd1\xd4\xb5\xc8\xb5\xc8\xa1\xa3'
>>> f1.close()
>>>
```

7.2.2 文件对象常用操作

使用 open 语句打开文件后将其赋给一个文件对象,就可以根据需要对该文件对象进行相应操作,表 7-2 列出了操作文件对象的常用方法。

表 7-2 文件对象常用操作方法

方　法	描　述
file.close()	关闭文件。关闭后文件不能再进行读写操作
file.flush()	刷新文件内部缓冲,直接把内部缓冲区的数据立刻写入文件,而不是被动地等待输出缓冲区写入
file.read([size])	从文件读取指定的字符数,如果未给定或为负则读取所有。通常仅在文件较小时才一次性全部读出,其结果为字符串
file.readline([size])	读取整行,包括"\n"字符
file.readlines([sizeint])	读取所有行并返回列表,若给定 sizeint>0,返回总和大约为 sizeint 字节的行,实际读取值可能比 sizeint 较大,因为需要填充缓冲区
file.seek(offset[,whence])	移动文件读取指针到指定位置,offset 表示相对于 whence 的位置。Whence 为 0 表示从文件开始计算,1 表示从当前位置计算,2 表示从文件尾开始计算
file.tell()	返回文件当前位置
file.truncate([size])	从文件的首行首字符开始截断,截断文件为 size 个字符,无 size 表示从当前位置截断;截断之后后面的所有字符被删除,其中 Windows 系统下的换行代表 2 个字符大小
file.write(str)	将字符串写入文件,返回的是写入的字符长度
file.writelines(sequence)	向文件写入一个序列字符串列表,如果需要换行则要自己加入每行的换行符

需要注意的是,文件打开后,对文件的读写有一个读取指针,当从文件中读入内容后,读取指针将向前进,再次读取的内容将从指针的新位置开始。

【例 7-1】文件相关操作举例。

```
>>> f1 = open("d:/ts1.txt","r+")          #打开文件
>>> f1.read()                              #读取整个文件
'凉州词·王翰版\n唐代王翰\n\n葡萄美酒夜光杯,欲饮琵琶马上催。\n醉卧沙场君莫笑,古来征战几人回?'
```

```
>>> f1.tell()                    #显示文件指针
95
>>> f1.read()                    #再次从指针处开始读取文件，为空
''
>>> f1.seek(0, 0)                #将指针返回到文件开始
0
>>> f1.readlines()               #从指针处将文件读出并返回为列表
['凉州词·王翰版\n', '唐代王翰\n', '\n', '葡萄美酒夜光杯，欲饮琵琶马上催。\n', '醉卧沙场君莫笑，古来征战几人回？']
>>>>>> f1.seek(8, 0)             #将指针指向文件第八个字节处
8
>>> f1.read()                    #从指针处读取文件
'王翰版\n唐代王翰\n\n葡萄美酒夜光杯，欲饮琵琶马上催。\n醉卧沙场君莫笑，古来征战几人回？'
>>> f2=open("d:/ts2.txt","r")    #打开ts2.txt
>>> a=f2.read()                  #读取该文件并赋值给a
>>> f1.write(a)                  #将字符串a从指针处写入f1，指针在文件最后
38
>>> f1.read()                    #从指针处开始读取文件，为空
''
>>> f1.seek(0, 0)                #将指针返回到文件开始
0
>>> f1.read()                    #读取该文件
'凉州词·王翰版\n唐代王翰\n\n葡萄美酒夜光杯，欲饮琵琶马上催。\n醉卧沙场君莫笑，古来征战几人回？登鹳雀楼\n唐代王之涣\n\n白日依山尽，黄河入海流。\n欲穷千里目，更上一层楼。'
>>> f1.close()                   #保存更改，释放f1
>>>
```

7.2.3 上下文管理语句

通常在进行读写文件操作时，还可以结合使用上下文管理语句with。with语句作为try/finally编码范式的一种替代，用于对资源访问进行控制的场合，确保不管使用过程中是否发生异常都会执行必要的"清理"操作，释放资源，比如文件使用后自动关闭、线程中锁的自动获取和释放等。with语句需要支持上下文管理协议的对象，上下

文管理协议包含__enter__和__exit__两个方法。with 语句建立运行时上下文需要通过这两个方法执行进入和退出操作。with 语句的用法如下：

with context_expression［as target］：
    with 语句块

在该语句中，context_expression 是一个表达式，可以是一个函数，也可以是一个对象。如果是函数，函数必须返回一个实现了上下文管理器协议的对象；如果是一个对象，这个对象必须是上下文管理器对象。target 是 enter 方法的返回值。该语句运行原理如下：

（1）with 后面 context_expression 被求值后，对象的"__enter__()"方法被调用，这个方法的返回值将被赋值给 as 后面的变量 target。

（2）当 with 语句块全部被执行完之后，调用对象的"__exit__()"方法。

以例 7-2 来说明 with 语句工作原理。

【例 7-2】with 语句工作原理。

新建一个 Python 文件，输入以下代码并保存。代码如下：

```
class sample:                           #定义一个 sample 类，包含 enter 和 exit 方法
    def __enter__(self):
        print("in __enter__")
        return("欢迎")
    def __exit__(self, exc_type, exc_val, exc_tb):
        print("in __exit__")
def get_sample():                       #定义一函数
    return sample()
with get_sample() as a1:                #使用 with 语句
    print("with 案例:", a1)
```

程序的运行结果如图 7-1 所示。

```
======================= RESTART: D:/python基础程序/7-
in __enter__
with 案例: 欢迎
in __exit__
>>>
```

图 7-1 例 7-2 的运行结果

从结果可以看到，其运行过程如下：
(1) enter () 方法被调用。
(2) enter () 方法的返回值，在这个例子中是"欢迎"，赋值给变量 a1。
(3) 执行代码块，打印 a1 变量的值为"欢迎"。
(4) exit () 方法被调用。

在文件读写中，无论什么原因跳出了 with 语句块，只要使用 with 语句系统就总能保证文件被正确关闭。

【例 7 - 3】使用 with 语句逐行读出 ts2. txt 文件并输出。

新建一个 Pgthon 文件，输入以下代码保存。代码如下：

```
with open("d: /ts2. txt"," r") as f:
    lines = f.readlines()
    for line in lines:
        print (line)
```

程序的运行结果如图 7 - 2 所示。

```
======================= RESTART: D:/python基础程序/7-3.py
登鹳雀楼

唐代 王之涣

白日依山尽，黄河入海流。

欲穷千里目，更上一层楼。
>>>
```

图 7 - 2　例 7 - 3 的运行结果

7.3　CSV 和 JSON 文件的操作方法

7.3.1　数据的维度

一组数据在被计算机处理前需要进行一定的组织，表明数据之间的基本关系和逻辑，进而形成"数据的维度"。根据数据的关系不同，数据组织通常分为一维数据、二维数据和高维数据。

一维数据由对等关系的有序或无序数据构成，通常采用线性方式组织，对应于数学中数组的概念。例如：学校的学院列表、班上的同学名字列表都可表示为一维数据。二维数据也称表格数据，通常由关联关系数据构成，采用二维表格方式组织，常见的表格一般属于二维数据。例如：课表、成绩表等。其通常由多条一维数据构成。高维数据也称多维数据，一般采用对象方式组织，可多层嵌套，是 Internet 组织内容的主要方式。通常情况下高维数据需降维处理。本章主要讲述一维和二维数据的处理。

一维和二维数据通常可以使用 CSV 格式和 JSON 格式进行组织和处理。

7.3.2 CSV 文件操作

CSV（Comma-Separated Values）被译为字符分隔值，它是一种通用的、相对简单的文件格式，其文件以纯文本形式存储数据，在商业和科学上广泛应用，大部分编辑器都支持对其直接读入或保存。它既可以存储一维数据，也可以存储二维数据，一般以 csv 为扩展名。当存储一维数据时只有一行，使用逗号或其他符号分隔；存储二维数据时则是多行存储，每一行是一条一维数据。

1. CSV 格式一维数据处理

一维数据通常使用列表形式表示，要将其存储为 CSV 格式文件，可以使用字符串 join() 方法。例如：

```
>>> ls = ['信息学院','商英学院','管理学院','经贸学院']    #定义列表
>>> f = open("d:/dep.csv"," w")            #以写模式打开文件
>>> f.write(",".join (ls) +" \n") #将列表内容加入到文件中，以逗号隔开
20
>>> f.close()
>>>
```

使用写字板程序打开 dep.csv，如图 7-3 所示，内容均已写入。

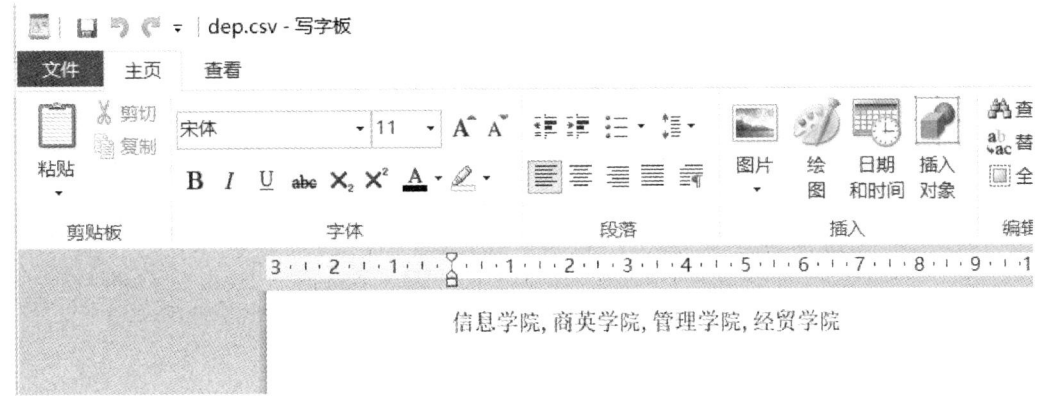

图 7-3 向文件写入一维数据示例

而要将 CSV 格式一维数据进行处理，则通常需将其读出后存储为列表。例如：

```
>>> f1 = open("d: /dep.csv"," r")            #以只读方式打开文件
>>> ls1 = f1.read().strip ('\n').split(",")   #将该对象转换为列表
>>> f1.close()
>>> print (ls1)
['信息学院', '商英学院', '管理学院', '经贸学院']
>>>
```

2. CSV 格式二维数据处理

二维数据由多条一维数据构成,可以看成是一维数据的组合形式。因此,二维数据可以采用二维列表来表示,即列表的每个元素对应二维数据的一行,这个元素本身也是列表类型,其内部各元素对应这行中的各列值。

二维列表对象输出为 CSV 格式可采用遍历循环和字符串的 join() 方法相结合实现。例如:

```
>>> ls2 = [["姓名","语文","数学","英语"], ["张三","85","78","90"],
["李四","90","100","79"], ["王二","80","90","90"]]    #定义二维列表
>>> f2 = open("d: /score.csv"," w")              #以写模式打开
>>> for row in ls2:                              #使用循环写入
       f2.write(",".join(row) +"\n")

>>> f2.close()
>>>
```

完成后使用记事本打开 D 盘 score.csv 文件,如图 7-4 所示,所有内容均已写入。

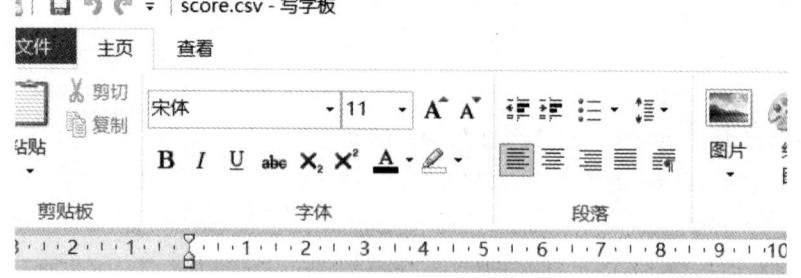

图 7-4 向文件写入二维数据示例

同样，要对 CSV 格式进行处理，可从 CSV 格式文件读入二维数据，并将其转换为二维列表对象。应用代码如下：

```
>>> f3 = open("d:/score.csv","r")        #以只读方式打开文件
>>> ls3 = []                              #创建一空列表
>>> for line in f3:                       #使用循环将f3对象追加进列表
        ls3.append(line.strip('\n').split(","))

>>> f3.close()
>>> print(ls3)
[['姓名', '语文', '数学', '英语'], ['张三', '85', '78', '90'], ['李四', '90', '100', '79'], ['王二', '80', '90', '90']]
>>>
```

3. csv 模块

除了上述方法之外，Python 还提供 csv 模块方便用户操作 CSV 文件，该模块为标准模块，需导入使用。该模块使用 reader（）函数和 writer（）函数对 CSV 文件进行读写操作。

读文件操作使用 reader（）函数，函数格式如下：

reader (csvfile, dialect = 'excel', fmtparam)

其中：

（1）csvfile：必须是支持迭代（iterator）的对象，可以是文件（file）对象或者列表（list）对象。

（2）dialect：编码风格，默认为 excel 的风格，也就是用逗号（,）分隔。

（3）fmtparam：格式化参数，用来覆盖之前 dialect 对象指定的编码风格。

例如，显示 d:/score.csv 文件内容，可新建一个 Python 文件，输入以下代码：

```
import csv
with open('d:/score.csv', 'r') as f1:
    lines = csv.reader(f1)
    for line in lines:
        print(line)
```

程序的运行结果如图 7-5 所示。

```
==================== RESTART: D:/python基础程序/csv模块读文件.py =
['姓名', '语文', '数学', '英语']
['张三', '85', '78', '90']
['李四', '90', '100', '79']
['王二', '80', '90', '90']
>>>
```

图 7-5 csv 模块读文件示例

写文件操作使用 writer() 函数,函数格式如下:

writer (csvfile, dialect = 'excel', fmtparam)

各个参数含义与 reader 一致,此处不再赘述。需要注意的是,在使用 writer() 函数写文件时,如果文件已经存在,则会首先清空该文件内容,再写入新的内容。

新建一个 Python 文件,输入以下代码,实现对 d:/score.csv 文件写入新的内容。

```
import csv
with open ('d:/score.csv', 'w') as wscore:
    a = csv.writer (wscore)
    a.writerow (['钱一', '80', '85', '75'])          #单行写入
    ls = [ ['孙八', '65', '90', '100'], ['赵九', '79', '86', '88']]
    a.writerows (ls)                                #多行写入
```

运行该程序,用写字板打开 d:/score.csv 文件,会发现该文件原有内容已经被替代,如图 7-6 所示。

```
📄 score.csv - 记事本
文件(F)  编辑(E)  格式(O)  查看(V)
钱一,80,85,75

孙八,65,90,100

赵九,79,86,88
```

图 7-6 csv 模块写文件示例

7.3.3 JSON 文件操作

JSON(JavaScript Object Notation)是一种轻量级的数据交换格式,采用完全独立于语言的文本格式存储,但是也使用了类似于 C 语言家族的习惯(包括 C、C++、Java、JavaScript、Perl、Python 等)。这些特性使 JSON 成为理想的数据交换语言。JSON 易于人阅读和编写,同时也易于机器解析和生成,是目前最常见的网络数据交换格式。

JSON 有两种结构,第一种就是"名称/值"对的集合,在 Python 中相当于字典类型;第二种就是值的有序列表,在 Python 中相当于列表类型。

Python 提供标准模块 json 对 JSON 文件进行操作处理,该模块主要包含 dumps、dump、loads、load 四个方法,具体功能见表 7-3。

表 7-3 json 模块相关方法

方　　法	描　　述
json.dumps( )	将 Python 对象编码成 JSON 字符串
json.loads( )	将已编码的 JSON 字符串解码为 Python 对象
json.dump( )	将 Python 内置类型序列化为 json 对象后写入文件
json.load( )	读取文件中 json 形式的字符串元素转化为 Python 类型

1. json.dumps( )

json.dumps( ) 方法将 Python 对象编码成 JSON 字符串,完整语法结构如下:

json.dumps(obj, skipkeys = False, ensure_ascii = True, check_circular = True, allow_nan = True, cls = None, indent = None, separators = None, encoding = "utf-8", default = None, sort_keys = False, ** kw)

该方法参数中,除 obj 参数是必需的,其余参数均属可选,其中部分常用参数说明如下:

(1) obj:需要转换编码的 Python 对象。

(2) skipkeys:默认值为 False,在编码过程中,字典对象的 key 只可以是字符串 str 类型,如果是其他类型,那么在编码过程中就会抛出 ValueError 的异常。Skipkeys 设置为 True,则可以跳过那些非 string 对象当作 key 的处理。

(3) ensure_ascii:默认值为 True,即默认输出编码方式为 ascii,所以如要输出显示中文,则必须设置值为 False。

(4) indent:缩进空格数设置。

(5) separators:去掉指定分隔符号东面的空格,使数据显示更紧密。

(6) sort_keys:输出时按字典键值排序输出。

以下是一些 dumps( ) 方式使用举例:

```
>>> data = {'name': 'jack', 'age': 18, 'weight': 65}
>>> json.dumps(data)                              #将对象编码为 JSON 文件字符串
'{"name":"jack","age": 18,"weight": 65}'
>>> print(json.dumps(data))
{"name":"jack","age": 18,"weight": 65}
>>> print(json.dumps(data, sort_keys = True))      #按键值排序输出
{"age": 18,"name":"jack","weight": 65}
>>>  print(json.dumps(data, sort_keys = True, indent = 4))
                                                  #添加空格显示
SyntaxError: unexpected indent
>>> print(json.dumps(data, sort_keys = True, indent = 4))
{
    "age": 18,
    "name":" jack",
    "weight": 65
}
>>> data = {'name': 'jack', 'age': 18, 'weight': 65, 'country': '中国'}
>>> print(json.dumps(data))                       #默认以 ascii 显示输出
{"name":"jack","age": 18,"weight": 65,"country":"\u4e2d\u56fd"}
>>> print(json.dumps(data, ensure_ascii = False))  #输出显示中文
{"name":"jack","age": 18,"weight": 65,"country":"中国"}
```

2. json.loads ( )

json.loads ( ) 方法将一个 JSON 字符串转换为一个 Python 对象，其完整语法如下：

json.loads (s, encoding = None, cls = None, object_hook = None, parse_float = None, parse_int = None, parse_constant = None, object_pairs_hook = None, **kw)

该方法参数中，除 s 参数是必需的，其余参数均属可选，其中部分常用参数说明如下：

（1）s：指定的 JSON 字符串对象。

（2）object_hook：将返回结果替换为所指定的类型，这个功能可以用来实现自定义解码器。

（3）object_pairs_hook：将结果以 key-value 有序列表的形式返回，形式如：[(k1, v1), (k2, v2), (k3, v3)]。

（4）parse_float：设置在解码 json 字符串的时候，符合 float 类型的字符串将被转为指定类型，例如 decimal.Decimal。

（5）parse_int：设置在解码 json 字符串的时候，符合 int 类型的字符串将被转为指定类型数据，例如 float。

以下是 loads（）方法示例：

```
>>> import json
>>> data = {'name': 'jack', 'age': 18, 'weight': 65, 'country': '中国'}
>>> js1 = json.dumps(data)
>>> json.loads(js1, parse_int = float)
{'name': 'jack', 'age': 18.0, 'weight': 65.0, 'country': '中国'}
json.dump()
json.dump() 方法将数据写入 JSON 文件中，其完整语法如下：
json.dump(obj, fp, skipkeys = False, ensure_ascii = True, check_circular = True, allow_nan = True, cls = None, indent = None, separators = None, encoding = 'utf-8', default = None, sort_keys = False, ** kw)
```

3. json.dump（）

该方法的绝大部分参数与 json.dumps（）一致，可参考 json.dumps（）函数。其中有两个参数是必需的：一个是 obj 参数，表示要写入 JSON 文件的对象；另一个是 fp 参数，表示相应 JSON 文件。

以下是 dump（）方法示例：

```
>>> import json
>>> data = [{'name': 'jack', 'age': 18, 'weight': 65, 'country': '中国'}, {'name': 'Mike', 'age': 19, 'weight': 60, 'country': '中国'}]
>>> f = open ('d:/info.json', 'w')
>>> json.dump (data, f, ensure_ascii = False)
>>> f.close ()
```

运行完上述语句，使用记事本打开"d:/info.json"，如图 7-7 所示。

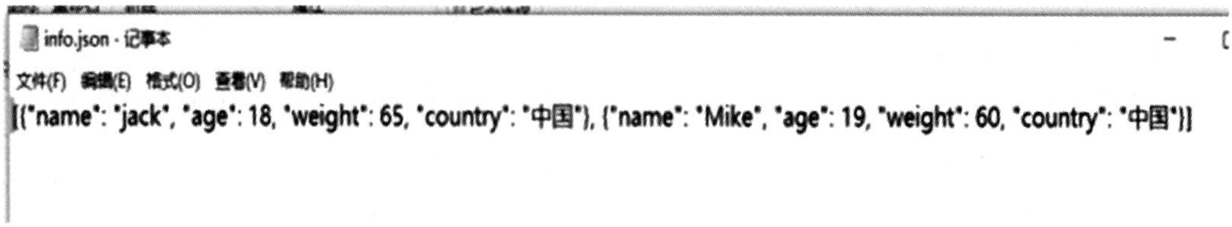

```
[{"name": "jack", "age": 18, "weight": 65, "country": "中国"}, {"name": "Mike", "age": 19, "weight": 60, "country": "中国"}]
```

图 7 – 7　json. dump（） 写文件

4. json. load（）

json. load（） 方法用于从 JSON 文件读取数据，其完整语法如下：

json. load（s, encoding = None, cls = None, object_hook = None, parse_float = None, parse_int = None, parse_constant = None, object_pairs_hook = None, **kw）

该方法参数与 json. loads（） 方法一样，仅参数 s 表示 JSON 文件对象，其余参数请参考 json. loads（） 方法。

以下是 load（） 方法示例：

```
>>> import json
>>> f1 = open ('d: /info.json', 'r')
>>> data1 = json.load (f1)
>>> print (data)
[{'name': 'jack', 'age': 18, 'weight': 65, 'country': '中国'}, {'name': 'Mike', 'age': 19, 'weight': 60, 'country': '中国'}]
```

思考与练习

（1） 简述文本文件和二进制文件之间的区别。

（2） 编写程序，将某文本文件中的小写字母换成大写字母后输出。

（3） 编写程序，将所有水仙花数存入某文件中。

（4） 编写程序，统计某一文件中某几个英文字母出现的次数（具体统计某个字母由用户自行规定，亦可以扩展为统计 26 个英文字母出现的次数）。

第 8 章 词

词是自然语言处理中粒度最小的单位，是文本中的原子结构。因此，对中文进行分词就显得至关重要。西方文字天然地通过空格来将句子分割成词语，因此一般不需要分词。但是东方文字往往没有天然形成的分隔符，因此需要将中文进行分词。中文分词就是指中文词汇的自动切分，即将字串转变成词串。

8.1 中文分词的关键问题

8.1.1 分词粒度

自动分词的重要前提是以什么标准作为词的分界。词是最小的能够独立运用的语言单位。词的定义非常抽象且不可计算。给定某文本，按照不同的标准，其分词结果往往不同。词的标准成为分词问题一个很大的难点，没有一种标准是被公认的。但是，换个思路思考，若在同一标准下，分词便具有了可比较性。因此，只要保证了每个语料库内部的分词标准是一致的，基于该语料库的分词技术便可一较高下。

词的颗粒度选择问题是分词的一个难题。研究者们往往把"结合紧密、使用稳定"视为分词单位的界定准则，然而人们对于这种准则理解的主观性差别较大，受到个人的知识结构和所处环境的影响很大。选择什么样的词的颗粒度与要实现具体系统紧密相关。例如在机器翻译中，通常颗粒度大翻译效果好。比如"联想公司"作为一个整体时，很容易找到它对应的英文翻译 Lenovo，如果分词时将其分开，可能翻译失败。

实际应用中，汉语分词分为两个粒度。

粗粒度分词：将词作为语言处理最小的基本单位进行切分。

细粒度分词：不仅对词汇进行切分，也要对词汇内部的语素进行切分。

例如，原始串：广东外语外贸大学坐落在白云山脚下。

粗粒度：广东外语外贸大学/坐落/在/白云山/脚下。

细粒度：广东/外语/外贸/大学/坐落/在/白云/山/脚下。

一般细粒度切分的对象都为专有名词。因为专有名词常表现为几个一般名词的合成。粗粒度切分主要用于自然语言处理的各种应用；而细粒度分词最常用的领域是搜索引擎。一种常用的方案是，在索引的时候使用细粒度的分词以保证召回，在查询的时候使用粗粒度的分词以保证精度。

分词的难点在于消除歧义，分词歧义主要包括如下几方面。

（1）交集歧义，例如：

　　　　　　　　南京/市长/江大桥
　　　　　　　　南京市/长江大桥

（2）组合歧义，例如：

　　　　　　　　学生/家长/都通知了
　　　　　　　　学生家长/都通知了

（3）未登录词，例如：

　　　　　　　　玛莉/和/马蒂普/通话
　　　　　　　　玛莉/和/马蒂/普通话

除了上述歧义，有些歧义无法在句子内部解决，需要结合篇章上下文。例如，"羽毛球拍卖完了"，可以切分为"羽毛/球拍/卖/完/了"，也可以切分成"羽毛球/拍卖/完/了"。这类分词歧义使得分词问题更加复杂。

8.1.2　中文分词方法

中文分词方法有很多，在此要介绍的是最大匹配法。它是由苏联汉俄翻译学者提出，其基本思想是：假设自动分词词典中的最长词条所含汉字个数为 N，则取被处理材料当前字符串序数中的 1 个字作为匹配字段，查找分词词典。若词典中有这样一个 N 字词，则匹配成功，匹配字段作为一个完整的词被切分出来；如果词典中找不到这样的一个 N 字词，则匹配失败。匹配字段去掉最后一个汉字，剩下的字符作为新的匹配字段，回到上述步骤，重新匹配；如此进行下去，直至切分到成功为止，即完成一轮匹配，并切分出一个词。之后再按上述步骤进行下去，直至切分出所有词为止。

最大匹配法以及其改进方案是基于词典和规则的。其优点是实现简单，算法运行速度快；缺点是严重依赖词典，无法很好地处理分词歧义和未登录词。因此，如何设计专门的未登录词识别模块是该方法需要考虑的问题。ICTCLAS（Institute of Computing Technology，Chinese Lexical Analysis System，汉语词法分析系统）是中国科学院计算技术研究所研制的中文词法分析系统，它将语言模型引用到分词算法中，中文分词的水平得到显著的改善。基于半监督的条件随机场（semi – CRF）算法，对于处理不同领域的专名识别具有较低的成本和较好的效果。

8.1.3 未登录词

未登录词，即是词典中没有记录的词。人名、地名、机构名、时间等，常常是未登录词的主要来源，当然网络上出现的新词、缩写、俚语等也是重要的组成部分。

- 人名识别：姓氏常常是人名的重要识别标志，可以根据姓氏启动人名识别。
- 地名、机构名等实体名称的识别：根据常带的后缀、前缀启动这些实体名称的识别是常常采用的手段。
- 时间识别：根据时间的数值及常用的格式可以很好地识别时间、日期等。
- 网络新词的识别：只能通过统计手段，不断补充词典来进行了。

8.2 利用结巴分词实践

Python 中分词工具很多，包括盘古分词、Yaha 分词、Jieba 分词、清华 THULAC 等。它们的基本用法都大同小异，我们首先来先了解一下结巴分词。结巴在 github 上的网址为：https://github.com/fxsjy/jieba。

8.2.1 安装

打开 anaconda 的 anaconda prompt 窗口，输入命令：

pip install jieba

引用方式：

import jieba

8.2.2 分词模式

结巴分词支持的三种分词模式。

（1）精确模式：试图将句子最精确地切开，适合文本分析。

（2）全模式：把句子中所有可以成词的词语都扫描出来，速度非常快，但是不能解决歧义问题。

（3）搜索引擎模式：在精确模式的基础上，对长词再次切分，提高召回率，适合用于搜索引擎分词。

组件只提供 jieba.cut 方法用于分词，cut 方法接受两个输入参数：第一个参数为需要分词的字符串，第二个是 cut_all 参数，用来控制分词模式。待分词的字符串可以是 gbk 字符串、utf – 8 字符串或者 unicode。

jieba.cut 返回的结构是一个可迭代的 generator，可以使用 for 循环来获得分词后得到的每一个词语（unicode），也可以用 list（jieba.cut（...））转化为列表。

【例8-1】利用 jieba 对一中文句子进行分词。

import jieba
sentence = "白云山,位于广东省广州市白云区,为南粤名山之一,自古就有"羊城第一秀"之称。"
words = jieba.cut(sentence, cut_all = True)   # 全模式
print("/".join (words))

输出结果为:

白云/白云山/云山///位于/广东/广东省/广州/广州市/州市/白云/白云区///为/南粤/名山/之一///自古/就/有///羊城/第一/秀///之/称//

以上是全模式下的结果。如果改为精确模式,即设置 cut_all 参数的值为 False 即可,其实 cut_all 参数的默认值就是 False,因此省去这个参数值的设定也可以得到同样的效果。

将上例中的第三行改为:

words = jieba.cut(sentence)   #精确模式

得到的输出结果为:

白云山/,/位于/广东省/广州市/白云区/,/为/南粤/名山/之一/,/自古/就/有/"/羊城/第一/秀/"/之称/。

jieba.lcut 与 jieba.cut 的功能完全相同,只是它返回的不是迭代器,而是列表。将例8-1 的后2行改为:

words_list = jieba.lcut(sentence)   #精确模式
print(words_list)

得到的结果是一个列表:

['白云山', ',', '位于', '广东省', '广州市', '白云区', ',', '为', '南粤', '名山', '之一', ',', '自古', '就', '有', '"', '羊城', '第一', '秀', '"', '之称', '。']

8.2.3 未登录词识别

结巴能通过 Viterbi 算法识别新词,即未登录词。下例句子中"贝岗"是一个未登录词,结巴能成功地识别出来。

【例8-2】尝试用 jieba 对未登录词进行识别。

import jieba
s2 = "广东外语外贸大学南校区附近的贝岗商业区"
s2_words = jieba.cut (s2, cut_all = False)
'''cut_all = False,就指用精确模式,默认就是精确模式,因此 cut_all = False 可以省略'''

```
print("/".join (s2_words))
```
运行结果为：

广东外语外贸大学/南校区/附近/的/贝岗/商业区

8.2.4 自定义词典

虽然 jieba 有新词识别能力，但是不能确保完全正确。

【例 8-3】尝试用 jieba 对未登录词进行识别。

他终于鼓起勇气向爱慕已久的女孩表白，没成功。他十分失落不已，到贝岗买了几瓶啤酒，回屋看球赛了。他仍记得，那场球赛是在西西里岛的巴尔贝拉球场，AC 米兰 9 号球员拉帕杜拉终场前打入一球，/结果/没有/什么/用/，AC 米兰客场 1：3 负于巴勒莫队。

```
s3 ="在西西里岛的巴尔贝拉球场，AC 米兰 9 号球员拉帕杜拉终场前打入一球，/结果/没有/什么/用/，客场 1-3 负于巴勒莫队！"
s3_words =jieba.cut(s3)    #cut_all 没填，默认就是精确模式。
Print("/".join(s1_words) )
```

得到的结果为：

在/西西里岛/的/巴尔/贝拉/球场/，/AC/米兰/9/号/球员/拉帕/杜拉/终场/前/打入/一/球/，/结果/没有/什么/用/，/客场/1/-/3/负于/巴勒莫/队/！

很明显，"巴尔贝拉""AC 米兰""拉帕杜拉""/结果/没有/什么/用/"分词出现了错误。

用户可以指定自己自定义的词典，以便包含 jieba 词库里没有的词。虽然 jieba 有新词识别能力，但是自行添加新词可以保证更高的正确率。

用法：jieba.load_userdict（file_name）   #file_name 为文件类对象或自定义词典的路径

词典格式和 dict.txt 一样，一个词占一行；每一行分三部分：词语、词频（可省略）、词性（可省略），用空格隔开，顺序不可颠倒。file_name 若为路径或二进制方式打开的文件，则文件必须为 UTF-8 编码。

词频省略时使用自动计算的能保证分出该词的词频。

例如：

AC 米兰 30 i

巴尔贝拉 5

拉帕杜拉 nz

/结果/没有/什么/用/

将上面的文本保存为 txt 文件，在本例中命名为：dict_new.txt。将例 8-3 的代码改为：

```
news_dict = "E:\dict_new.txt"        # news_dict 为自定义词典的路径
jieba.load_userdict(news_dict)
s3 = "在西西里岛的巴尔贝拉球场,AC 米兰 9 号球员拉帕杜拉终场前打入一球,/结果/没有什么用/,客场 1-3 负于巴勒莫队!"
s3_words = jieba.cut(s3)
print("/".join (s3_words))
```

得到的结果为:

在/西西里岛/的/巴尔贝拉/球场/,/AC 米兰/9/号/球员/拉帕杜拉/终场/前/打入/一/球/,/结果/没有什么用/,/客场/1/-/3/负于/巴勒莫/队/!

如果要添加的新词数量不多,也可以通过 jieba 的 add_word 函数也实现新词登录。

例如,添加"AC 米兰"一词的方法是:

jieba.add_word('AC 米兰')

例 8-3 可以改为:

```
import jieba
s3 = "在西西里岛的巴尔贝拉球场,AC 米兰 9 号球员拉帕杜拉终场前打入一球,/结果/没有什么用/,客场 1-3 负于巴勒莫队!"
jieba.add_word('巴尔贝拉')
jieba.add_word('AC 米兰')
jieba.add_word('拉帕杜拉')
jieba.add_word('没有什么用')
s3_words = jieba.cut (s3)
print("/".join (s3_words))
```

8.3 词频统计

词频统计是自然语言处理中理解文本的基本方法之一。下面通过实践案例,编写 Python 程序实现文本词频统计。

【例 8-4】统计一个长文本的词频。

本例的操作思路如下。首先读取文本的内容,用 jieba 进行分词。然后构建一个字典变量用于存储统计的结果,对分好的词进行逐词扫描,如果遇到首次扫描到的词,就往这个字典变量新添加一个 Item,键为这个词,值为 1;如果扫描到的词是已有的词,就在字典中这个词对应的键值加 1。最后对这个统计好的字典进行按键值排序,输出。

```
import jieba
f = open("红楼梦.txt",'r',encoding = "gb18030")
#注意实际练习中文本文件所在的存储地址
s = f.read()
words = jieba.lcut(s)
print(words[:1000])
f.close()
#获得words后，f可以关闭了
#开始统计每个词的数量
#新建一个空字典
word_dict = {}
#所有的词都统计一次
#如果是出现过的词，统计上加1，否则是新词，新建这个词的key, value为1
for word in words:
    if word in word_dict:
        word_dict[word] += 1
    else:
        word_dict[word] = 1
#对字典进行排序，按value从大到小
#方法:sorted(dict.items(),key = lambda e:e[1],reverse = True)
freq = sorted(word_dict.items(),key = lambda e:e[1],reverse = True)
print(freq[:100])
```

在程序中使用字典进行数据信息统计时，由于字典是无序的，所以打印字典时内容也是无序的。因此，为了使统计得到的结果更方便查看，需要进行排序。Python 中字典的排序分为按"键"排序和按"值"排序。按"值"排序按"值"排序就是根据字典的值进行排序，可以使用内置的 sorted( ) 函数。举例如下：

```
sorted(iterable[,cmp[,key[,reverse]]])
```

iterable：是可迭代类型数据。

cmp：用于比较的函数，比较什么由 key 决定，有默认值，迭代集合中的一项。

key：用列表元素的某个属性和函数作为关键字，有默认值，迭代集合中的一项。

reverse：排序规则。reverse = True 或者 reverse = False，有默认值，默认为升序排列（False）。

返回值：是一个经过排序的可迭代类型，与 iterable 一样。

一般来说，cmp 和 key 可以使用 lambda 表达式。如果对字典进行排序，常用的形

式如下:

sorted(dict.items(), key = lambda e: e[1], reverse = True) 其中, e 表示 dict.items() 中的一个元素, e[0] 表示按键排序, e[1] 则表示按值排序。reverse = False 可以省略, 默认为升序排列。

应说明的是, 字典的 items() 函数返回的是一个列表, 列表的每个元素是一个键和值组成的元组。因此, sorted(dict.items(), key = lambda e: e[1], reverse = True) 返回的值同样是由元组组成的列表。

8.4 去停用词

例 8-4 中, 我们统计《红楼梦》的词频, 词频最高的前 20 个词结果如下:

[(',',59318),('。',30810),('了',20174),('的',14630),('"',11851),
('"',11659),(':',11205),('我',7318),('他',6443),('道',6377),('说',6150),('你',5915),(' \u3000 ',5862),('也',5848),('是',5790),('又',5121),('着',3913),('去',3816),('宝玉',3784),('来',3675)]

从结果可以看出, 前 20 个高频词中, 只有排第 19 位的"宝玉"是文本分析中的有效词语。其他常用的、词频高的词, 如"的""了"等, 没有代表文本有效信息, 在文本分析过程中应该剔除。

停用词(Stop Words)是指在信息检索中, 为节省存储空间和提高搜索效率, 在处理自然语言数据(或文本)之前或之后会自动过滤掉某些字或词。常见的中文停用词有"的""了""而且""只是"等接近 1 000 个。英文的停用词有 the、able、after 等接近 1 000 个。这些停用词都是人工输入或者由一个停用词表导入。

【例 8-5】在例 8-4 的统计词频的基础上, 尝试去除停用词。采用哈工大语言技术平台编写的停用词表。

```
import jieba
f_txt = open("红楼梦.txt", 'r', encoding = "gb18030")
#打开和读取停用词
f_stopwords = open("stopwords_cn.txt", 'r')
stopwords_raw = f_stopwords.read()
stopwords = stopwords_raw.split()      #将停用词文档内容分成词的列表
txt = f_txt.read()
words = jieba.cut(txt)
#print("/".join(words)[:1000])
f_txt.close()
```

```
f_stopwords.close()
#开始统计每个词的数量
#新建一个空字典
word_dict = {}
#所有的词都统计一次
w = []
for word in words:
        #忽略停用词只有非停用词才统计
    if word not in stopwords:
            #如果是出现过的词，统计上加1，否则是新词，新建这个词的
key, value 为1
        if word in word_dict:
            word_dict [word] + = 1
        else:
            word_dict [word] = 1
#这里是难点，即对字典进行排序。按value从大到小
#方法: sorted (dict.items(), key = lambda e: e[1], reverse = True)
freq = sorted (word_dict.items(), key = lambda e: e[1], reverse = True)
print(freq[: 50])
```

显示前50个去停用词后的高频词，程序执行的结果是：
[('道',6377),('说',6150),(' \u3000',5862),('宝玉',3784),(' \n',3195),(' ',2810),('笑',2489),('听',1776),('贾母',1230),('凤姐',1103),('倒',1065),('罢',1045),('忙',1029),('王夫人',1015),('说道',979),('老太太',975),('姑娘',951),('吃',950),('问',948),('事',920),('众人',872),('奶奶',847),('太太',825),('只见',791),('两个',771),('走',737),('不知',709),('听见',692),('请',688),('贾琏',673),('话',626),('想',610),('告诉',605),('东西',603),('坐',603),('平儿',594),('袭人',584),('宝钗',570),('回来',569),('黛玉',557),('老爷',538),('只得',531),('里',511),('丫头',509),('家',478),('凤姐儿',474),('薛姨妈',455),('回',452),('送',449),('不好',444)]

从结果可以看出，去掉停用词后，冗余无效的高频词可以得到有效的过滤。

8.5 关键词提取

经过上例 8-5 的操作,我们得到文本中的分词及相应的频数,以及过滤掉停用词的干扰。但是还是有一些常见的但与文本核心无关的高频词存在。因此,还需要采取一定的方法,提取出文本中的关键词语。下面介绍 TF-IDF 提取关键词的方法。

8.5.1 什么是 TF-IDF

TF-IDF(Term Frequency-Inverse Document Frequency,词频—逆文件频率),是一种用于信息检索与文本分析的常用加权技术。TF-IDF 是一种统计方法,用以评估一字词对于一个文件集或一个语料库中的其中一份文件的重要程度。字词的重要性随着它在文件中出现的次数成正比增加,但同时会随着它在语料库中出现的频率成反比下降。也就是说,一个词语在一篇文章中出现次数越多,同时在所有文档中出现次数越少,越能够代表该文章。这就是 TF-IDF 的含义。

1. TF

词频(term frequency,TF)指的是某一个给定的词语在该文件中出现的次数。这个数字通常会被归一化(一般是词频除以文章总词数),以防止它偏向长文件。(同一个词语在长文件里可能会比短文件有更高的词频,而不管该词语重要与否。)

常用的统计方法有几种。

(1) 直接统计该词在文章中出现的次数。

$$词频 = 某词在文章中出现的次数 \quad (8-1)$$

(2) 考虑到文章有长短之分,为了便于不同文章的比较,进行"词频"标准化。

$$词频(TF) = \frac{某词出现次数}{文章中的总词数} \quad (8-2)$$

或者:

$$词频(TF) = \frac{某词出现次数}{文章中出现最多次数关键词的出现次数} \quad (8-3)$$

如果一个词出现的次数决定了词的关键性的话,那么"的""了"等这些常用但信息含量极低的词就统计成为关键词了(实际上这些词称为停用词,许多文本分析操作会预先去掉它们)。所以单纯使用是 TF 不合适的。权重的设计必须满足:一个词预测主题的能力越强,权重越大,反之,权重越小。所有统计的文章中,一些词只是在其中很少几篇文章中出现,那么这样的词对文章主题的作用很大,这些词的权重应该设计得较大。所以我们还要考量另一项指标:IDF。

2. IDF

逆向文件频率(inverse document frequency,IDF)的主要思想是:如果包含词条 t

的文档越少，IDF 越大，则说明词条具有很好的类别区分能力。某一特定词语的 IDF，可以由总文件数目除以包含该词语之文件的数目，再将得到的商取对数得到。

这时，需要一个语料库（corpus），用来模拟语言的使用环境。

公式：

$$\text{逆文档频率（IDF）} = \log\left(\frac{\text{语料库文档总数}}{\text{包含该词的文档数}+1}\right) \quad (8-4)$$

如果一个词越常见，那么分母就越大，逆文档频率就越小越接近 0。分母之所以要加 1，是为了避免分母为 0（即所有文档都不包含该词）。log 表示对得到的值取对数。由此可见，当一个词被越多的文档包含，则 IDF 值就越小，也就是所这个词很常见，不是最重要的能区分文章特性的关键词。

3. TF – IDF

某一特定文件内的高词语频率，以及该词语在整个文件集合中的低文件频率，可以产生出高权重的 TF – IDF。因此，TF – IDF 倾向于过滤掉常见的词语，保留重要的词语。

$$\text{TF – IDF} = \text{TF} \times \text{IDF} \quad (8-5)$$

8.5.2 利用 TF – IDF 提取文章的关键词

从前面的分析可以知道，TF – IDF 与一个词在文档中的出现次数成正比，与该词在整个语言中的出现次数成反比。所以，自动提取关键词的算法就很清楚了，就是计算出文档的每个词的 TF – IDF 值，然后按降序排列，取排在最前面的几个词。

还是以《中国的春晚小品》为例，假定该文长度为 1 000 个词，"中国""春晚""小品"各出现 20 次，则这三个词的"词频"（TF）都为。然后，搜索 Google 发现，包含"的"字的网页共有 90.4 亿张，假定这就是中文网页总数。包含"中国"的网页共有 24.2 亿张，包含"春晚"的网页为 0.753 亿张，包含"小品"的网页为 0.412 亿张。则它们的逆文档频率（IDF）和 TF – IDF 见表 8 – 1。

表 8 – 1 三个词的 TF – IDF 分析

关键词	TF	包含该文的文档数（亿）	IDF	TF – IDF
中国	0.02	24.2	0.572 353	0.0 114 477
春晚	0.02	0.753	2.079 373	0.041 587
小品	0.02	0.412	2.341 271	0.046 825

从表 8 – 1 可见，"小品"的 TF – IDF 值最高，"春晚"其次，"中国"最低。（如果还计算"的"字的 TF – IDF，那将是一个极其接近 0 的值。）所以，如果只选择一个词，"小品"就是这篇文章的关键词。

除了自动提取关键词，TF‐IDF 算法还可以用于许多别的地方。比如，信息检索时，对于每个文档，都可以分别计算一组搜索词（"中国""春晚""小品"）的 TF‐IDF，将它们相加，就可以得到整个文档的 TF‐IDF。这个值最高的文档就是与搜索词最相关的文档。

TF‐IDF 算法的优点是简单快速，结果比较符合实际情况，缺点是单纯以"词频"衡量一个词的重要性，不够全面，有时重要的词可能出现次数并不多。而且，这种算法无法体现词的位置信息，出现位置靠前的词与出现位置靠后的词，都被视为重要性相同，这是不正确的。（一种解决方法是，对全文的第一段和每一段的第一句话，给予较大的权重。）

8.5.3 利用 TF‐IDF 提取关键词案例

Jieba 模块的 analyse.extract_tags 正是利用 TF‐IDF 模型对文档进行分析的。在此我们利用它来进行关键词提取。示例如下。

```
from jieba import analyse
# 引入 TF‐IDF 关键词抽取接口
# 原始文本
text ="""台湾本系福建省，一半漳州一半泉。一半广东人居住。——《渡台悲歌》这是一首描述清朝时期汉人来到台湾辛勤开垦的诗歌。短短三句话就道出了清朝时期移民中国台湾的两个群体——来自漳州/泉州的说着闽南语的闽南人和来自广东说着客家话的客家人。两者合在一起，统称为本省人。但他们并不是第一批上岛的汉人，事实上汉人开垦台湾历史久远，早在荷兰殖民时期之前，就有汉人定居。荷兰殖民者雇佣他们为自己服务，对佣工的过度压榨导致了 1652 年郭怀一起兵反抗事件。汉人的起义最终被残酷地镇压，以失败告终。"""
# 基于 TF‐IDF 算法进行关键词抽取
keywords = analyse.extract_tags (text, 10)
print("keywords by tfidf:")
# 输出抽取出的关键词
for keyword in keywords:
    print (keyword)
```

8.5.4 练习

分别提取谁设计了故宫、红楼梦、广场舞歌词的前 20 个关键词。

8.6 词的向量表示

在自然语言处理任务中，首先需要考虑词如何在计算机中表示。通常，有两种表示方式：离散表示（one-hot representation）和分布式表示（distribution representation）。

8.6.1 离散表示

传统的基于规则或基于统计的自然语义处理方法将单词看作一个原子符号，被称作离散表示。离散表示把每个词表示为一个长向量。这个向量的维度是词表大小，向量中只有一个维度的值为1，其余维度为0，这个维度就代表了当前的词。

例如，假设我们要处理的全部文本仅是下面2句评论，现进行离散式的向量化处理，分3个步骤。

·S1：这个产品质量差，开关一掰就断

·S2：货收到了，很快，赞，货很好用

（1）评论词典生成。

首先要对2句评论进行分词，分词后的结果如下：

{这个，产品，质量差，开关，一掰，就，断，货，收到……，好用}

（2）降维。

对分词进行降维处理，即删去意义不大的词语，例如，"这个""产品"等对分辨评论是好评还是差评意义不大的词语。保留的5个关键词语如下：

{质量差，断，很快，赞，好用}

（3）生成词的向量表示。

因为字典中只有5个词，那么生成长度为5维的词向量。向量由4个0和1个1组成，1的位置正是它相应的词在词典中词的位置，例如：

质量差：1 0 0 0 0

断：0 1 0 0 0

离散表示相当于给每个词分配一个ID，这就导致这种表示方式不能展示词与词之间的关系。另外，本例中要处理的文本极少，在现实中则很多。离散表示将会导致特征空间非常大，因此存在数据稀疏性和维度灾难的问题。随着分布表示的出现，这种离散表示逐步被分布式表示淘汰。

8.6.2 分布式表示

离散表示无法解决数据稀疏性和维度灾难的问题。那么如何用稠密的数据来表示词才合理呢？词向量是一个很好的解决方法。词向量（Word embedding），又叫词嵌入，它是利用语言模型把词汇表的单词或短语被映射到实数生成的向量。向量一般是50维至300维。例如，在腾讯公司于2018年发布的开源大规模、高质量的中文词向量数据中，"老虎"的词向量如图8-1所示。

```
[ 0.1691413 -0.10120251 0.0224492 0.0156011 0.07536648 0.05438051 0.10473794 0.12586303 0.10146828 -0.02866965 -0.01185567 -
0.10639635 0.02502684 0.01989767 0.01651084 -0.11061164 -0.03226263 -0.07282087 -0.00930146 -0.02308724 0.04200398 -0.02495121 -
0.08629818 0.01679738 -0.04601104 0.02005013 -0.11373685 0.08866669 0.11977724 -0.04679649 0.04720256 -0.09310266 -0.05277668
0.01720019 -0.10436331 -0.06314924 0.02882642 0.05195059 -0.00614807 -0.03247828 0.1059268 -0.0484908 0.19754131 -0.02725981 -
0.06502062 -0.04754338 -0.01461869 -0.1252063 0.04403494 0.08720642 -0.0070854 0.05390443 -0.12476642 -0.08666687 0.06375909 -
0.06945807 0.05214013 0.07865097 0.06892001 0.02293092 0.02696972 0.13943909 -0.01562216 -0.00297037 0.02241954 -0.03109958
0.00649838 -0.00036544 0.0413701 -0.02919883 -0.02309821 0.08813515 0.02678225 0.10721029 0.01276214 0.01156705 -0.03478806
0.11564027 0.13926499 0.05968143 -0.10434225 0.04340581 -0.09086051 0.0019141 0.01907781 -0.03950079 -0.04581289 -0.07629401 -
0.0263219 -0.00888085 -0.07332157 0.00487616 0.04967936 -0.10790408 0.00262243 -0.01009314 0.04051197 0.09314775 -0.06464836 -
0.01179041 0.01650639 0.03191203 0.05494587 0.10613146 -0.05455285 0.14900692 0.06760567 -0.20946282 0.05719011 -0.07654823
0.01395219 0.13267583 0.05809748 -0.09870259 0.00209385 0.03364756 0.00709252 -0.16479222 0.04103551 -0.09519564 0.00627681 -
0.0761819 -0.11811469 -0.09909502 -0.04125145 0.09546763 -0.0362691 -0.05732804 -0.01487913 -0.00886424 0.0039243 -0.0286222
0.08853648 -0.03666924 0.01280011 0.01442886 -0.00417969 -0.11639605 -0.09538369 -0.00783288 -0.1352256 -0.12644114 0.04608994 -
0.00028149 -0.02443509 -0.05585739 -0.00825705 -0.05833477 -0.05689764 -0.00136713 -0.02799336 -0.07650639 -0.08151248 -0.08186576 -
0.0702545 0.08634089 -0.00975084 0.00856969 0.18994069 -0.02066295 0.11319522 0.07311661 0.03943079 -0.00482277 -0.04143031
0.01171655 0.01727257 0.0326254 -0.10802421 0.03662831 -0.13737877 0.11013319 -0.02411919 -0.0152858 0.0235737
0.00314982 -0.03644826 0.01784416 -0.06244091 0.07983064 0.05091419 -0.09591108 0.0783671 0.00854033 0.0766909 0.00320351
0.11450212 -0.02916412 0.03431792 0.00735176 0.00343072 -0.05600303 -0.01111025 0.07153977 0.11441018 -0.03607214 -0.09560289 -
0.01931718 0.0056453 ]
```

图 8-1 "老虎"的词向量（200维）

我们通过语言模型来生成这种词的表示，基本思想是对出现在上下文环境里的词进行预测。避开繁杂的数学公式，我们举一个简单的例子来帮助对词向量的生成进行理解。

在一开始，每个词的词向量都是随机生成的，毫无合理可言，那么需要用大规模的语料进行训练。例如，语料库中有一句"老虎捕杀小鹿"，句中的3个词的词向量的初始值为w［"老虎"］、w［"捕杀"］、w［"小鹿"］。我们隐去"捕杀"生成一个填空题，即"老虎＿＿＿小鹿"，现在来预测空格中的词。方法就是把"老虎"和"小鹿"的词向量相加再除以2，这样得到一个新的词向量来表示"捕杀"，我们用w2［"捕杀"］来表示，比较新生成的w2［"捕杀"］与原来的w［"捕杀"］在数值上有一定差距，那么我们需要调整w［"捕杀"］，反过来也要调整w［"老虎"］、w［"小鹿"］，使得这种差距变得尽可能小。调整的过程是通过神经网络的算法实现。通过这样的训练，w［"老虎"］、w［"捕杀"］、w［"小鹿"］相互之间都融入对方的DNA。如果语料库中有另一句："狮子捕杀水牛"，那么经过训练调整，w［"狮子"］、w［"水牛"］也与w［"老虎"］、w［"小鹿"］形成一定的联系。通过大规模的语料训练，所有词的词向量的数字表示趋于稳定后结束训练。这时的词向量表示合情合理，且具有语义信息。

我们把训练好的词向量，降维后把部分词语投影到2维的平面上，如图8-2所示，结果显示相同类别的词，它们的词向量在空间上会聚集在一起。

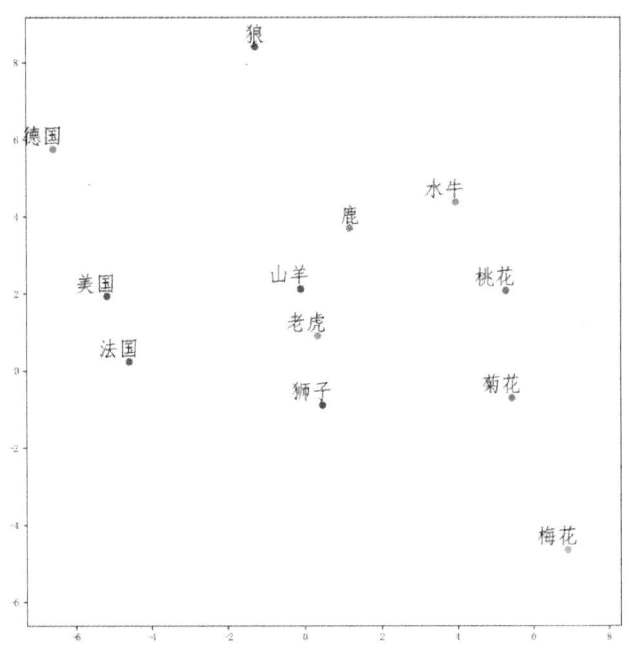

图 8-2 部分词的词向量空间分布

word2vec 是一种经典的训练生成词向量的神经网络模型。这种模型为浅而双层的神经网络，用来训练以重新建构语言学之词文本。网络以词表现，并且需猜测相邻位置的输入词，在 word2vec 中词袋模型假设下，词的顺序是不重要的。训练完成之后，word2vec 模型可用来映射每个词到一个向量，可用来表示词对词之间的关系，该向量为神经网络之隐藏层。

8.6.3 基于 Gensim 的词向量应用案例

Gensim 是一款开源的第三方 Python 工具包，用于从原始的非结构化的文本中，无监督地学习到文本隐藏层的主题向量表达。安装方法也非常便利，输入安装命令语句：

```
pip install gensim
```

（1）训练词向量。

词向量的生成依赖于用于训练的语料，不同语料生成的词向量都会形成各自的特色。如果词向量用于特定领域，最好用该领域的语料进行训练。训练方法如下。

```
from gensim.models import word2vec
sentences = word2vec.Text8Corpus (corpus_filename)
#corpus_filename           #为分好词的语料文本
model = word2vec.Word2Vec (sentences, size = 200)
model.save ('/model/word2vec_model')        #保存生成的词向量
```

Word2Vec 函数的第一个参数是训练语料，第二个参数 size 是神经网络的隐藏层单元数，即词向量的维度，默认为 100。

（2）词向量的简单应用。

【例 8-6】实现如何获得某个词的词向量，比较两个词的相似程度，以及计算与某个词最接近的词语。

```
#先要加载训练好的词向量模型
new_model = gensim.models.Word2Vec.load ('/model/word2vec_model')
vec_tiger = model ['老虎']              #获得"老虎"的词向量
svalue = model.similarity("老虎"," 狮子")    #计算两个词之间的余弦距离
slist = model.most_similar("老虎") #计算余弦距离最接近"老虎"的 10 个词
```

例 8-6 中，svalue 值为 0.72703487，slist 的结果为：[('豹子', 0.7848613858222961), ('狼', 0.7709655761718 75), ('大象', 0.7626601457595825), ('野猪', 0.7569615840911865), ('虎', 0.7468231916427612), ('猛虎', 0.7461884021759033), ('黑熊', 0.74603569507 59888), ('猛兽', 0.732813835144043), ('小老虎', 0.7285948991775513), ('狮子', 0.727034866809845)]。

思考与练习

（1）简述中文分词的基本方法和关键问题。

（2）编制程序，通过引入结巴（jieba）分词模块，对下面短文进行分词练习。

燕子去了，有再来的时候；杨柳枯了，有再青的时候；桃花谢了，有再开的时候。但是，聪明的，你告诉我，我们的日子为什么一去不复返呢？——是有人偷了他们罢：那是谁？又藏在何处呢？是他们自己逃走了：现在又到了哪里呢？

我不知道他们给了我多少日子；但我的手确乎是渐渐空虚了。在默默里算着，八千多日子已经从我手中溜去；像针尖上一滴水滴在大海里，我的日子滴在时间的流里，没有声音也没有影子。我不禁头涔涔而泪潸潸了。

去的尽管去了，来的尽管来着，去来的中间，又怎样地匆匆呢？早上我起来的时候，小屋里射进两三方斜斜的太阳。太阳他有脚啊，轻轻悄悄地挪移了；我也茫茫然跟着旋转。于是——洗手的时候，日子从水盆里过去；吃饭的时候，日子从饭碗里过去；默默时，便从凝然的双眼前过去。

我觉察他去的匆匆了，伸出手遮挽时，他又从遮挽着的手边过去，天黑时，我躺在床上，他便伶伶俐俐地从我身边跨过，从我脚边飞去了。等我睁开眼和太阳再见，这算又溜走了一日。我掩着面叹息。但是新来的日子的影儿又开始在叹息里闪过了。

在逃去如飞的日子里，在千门万户的世界里的我能做些什么呢？只有徘徊罢了，

只有匆匆罢了；在八千多日的匆匆里，除徘徊外，又剩些什么呢？过去的日子如轻烟却被微风吹散了，如薄雾，被初阳蒸融了；我留着些什么痕迹呢？我何曾留着像游丝样的痕迹呢？我赤裸裸来到这世界，转眼间也将赤裸裸地回去罢？但不能平的，为什么偏要白白走这一遭啊？你聪明的，告诉我，我们的日子为什么一去不复返呢？

（3）编制程序，对上题分词结果进行词频统计。

（4）编制程序，使用 TF – IDF 算法提取上文关键词。

（5）编制程序，使用 gensim/word2vec 等算法工具处理上文并得到词向量。

第 9 章 从词性到语义分析

词是自然语言处理的最基本的要素,但是对句子甚至篇章的理解才是自然语言处理的最终目标。我们在第 8 章学习了机器对词的认识和处理,这章我们将学习机器如何对句子进行分析,以及借助现有的 NLP 平台进行相关的应用实践。

9.1 语义分析的基本理论

9.1.1 词性

词性(Part-of-Speech,POS)也称词类,是一个语言学术语,是一种语言中词的语法分类,是以语法特征(包括句法功能和形态变化)为主要依据、兼顾词汇意义对词进行划分的结果。例如,现代汉语的词性分为名词、动词、形容词、数词、量词和代词等等。词性的分法有很多种,由于篇幅有限,本书只介绍中国科学院计算技术研究所 ICTCLAS 3.0 汉语词性标记集。

ICTCLAS 3.0 汉语词性标记集(共计 99 个,22 个一类,66 个二类,11 个三类)主要参考了以下词性标记集:
- 北大《人民日报》语料库词性标记集
- 北大 2002 新版词性标记集(草稿)
- 清华大学汉语树库词性标记集
- 教育部语用所词性标记集(国家推荐标准草案 2002 版)
- 美国宾州大学中文树库(Chinese Penn Tree Bank)词性标记集

由于中国科学院计算技术研究所的汉语词法分析器主要采用北大《人民日报》语

料库进行参数训练,因此该词性标记集主要以北大《人民日报》语料库的词性标记集为蓝本,并参考了北大《汉语语法信息词典》中给出的汉语词的语法信息。表 9-1 是具体的标注分类。

表 9-1　ICTCLAS 3.0 汉语词性标记集

a: 形容词	m: 数词	p: 介词
b: 区别词	n: 普通名词	q: 量词
c: 连词	nd: 方位名词	r: 代词
d: 副词	nh: 人名	u: 助词
e: 叹词	ni: 机构名	v: 动词
g: 语素字	nl: 处所名词	wp: 标点符号
h: 前接成分	ns: 地名	ws: 字符串
i: 习用语	nt: 时间词	x: 非语素字
j: 简称	nz: 其他专名	y: 语气词
k: 后接成分	o: 拟声词	z: 状态词

利用 jieba 进行词性分类非常简便。标注句子分词后每个词的词性,采用和 ICTCLAS 兼容的标记法。

【例 9-1】用 jieba 对中文句子进行标注。
```
import jieba.posseg as pseg
words = pseg.cut("广东省位于我国的南方")    #也可以用 lcut
for word, flag in words:
print ('%s %s' % (word, flag))
```
显示的结果为:
广东省 ns
位于 v
我国 r
的 uj
南方 f

9.1.2　分块

在对句子进行分析时,往往需要将它切分成若干小块再进行分析,这个过程称之为分块 (chunking),也称语块分析。这是一种常用的文本分析技术,它有利于提取有意义的信息,同时它也是实体识别的基本技术。图 9-1 是一个简单的英文语块分析示例。

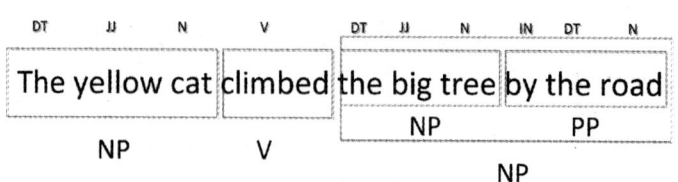

图 9-1 语块分析示例

语块分析是通过词性标注识别词的词性,然后依据词性信息,按一定的方法组合成语块,语块的类别见表 9-2。

表 9-2 CTB 语义组块类别表

标注	英文说明	中文说明
ADJP	Adjective phrase	形容词短语
ADVP	Adverbial phrase headed by AD	由副词开头的副词短语,状语
CLP	Classifier phrase	量词短语
CP	Clause headed by C	由补语引导的补语从句,关系从句
DNP	Phrase formed by "XP + DEG"	XP + DEG 结构构成的短语
DP	Determiner phrase	限定词短语
DVP	Phrase formed by "XP + DEV"	XP + DEV 结构构成的短语
FRAG	fragment	片段
IP	Simple clause headed by I	简单句
LCP	Phrase formed by "XP + LC"	处所词为中心语的短语
LST	List marker	用于解释说明性的列表标记短语
NP	Noun phrase	名词短语
PP	Preposition phrase	介词短语
PRN	Parenthetical	插入语
QP	Quantifier phrase	数词短语
UCP	unidentical coordination phrase	非一致性并列短语
VP	Verb phrase	动词短语

利用上节学习的分词标注功能，为句子分词且标注过后，可以利用句法的基本规则，对词语进行分块。基于规则的语块分析，需要人工组织语法规则，建立句法知识库。

例如，定义一个名词短语的分块语法：NP：{<DT>? <JJ>* <NN>}①

A gray tall elephant（词性：DT JJ JJ NN）和 The little girl（词性：DT JJ NN）是符合这个分块语法的。但是，food market（词性：NN NN）则不符合这个分块语法，需要另外定义。

由此可见，手工编写的规则非常繁杂，且带有一定的主观性，即使拥有准确全面的句法知识库，还需要考虑到泛化，在面对复杂语境时正确率难以保证，特别是在长句分析上性能不强。

条件随机场（CRF）是一种常用的自动识别语块的方法。它有三个工作步骤：第一步是将语料库（例如 TreeBank 的 CTB 树库语料）中的语料从树状结构变为序列结构；第二步是使用 CRF 算法对序列语料进行训练，生成模型；第三步是利用训练好的模型进行分块实践。语块分析的具体算法不是本书的重点，因此不做深入的介绍。

9.1.3 句法分析

句法分析分为两类，一类是分析句子的主谓宾定状补的句法结构，另一类是分析词汇间的依存关系，如并列、从属、比较、递进等，下面详细讲解。句法分析现在主要的应用在于中文信息处理中，如机器翻译等，是指识别句子的主谓宾定状补的成分结构，并分析各成分之间的关系。本书中指的是句法结构分析，如图 9-2 是一个简单的句法结构示例图。

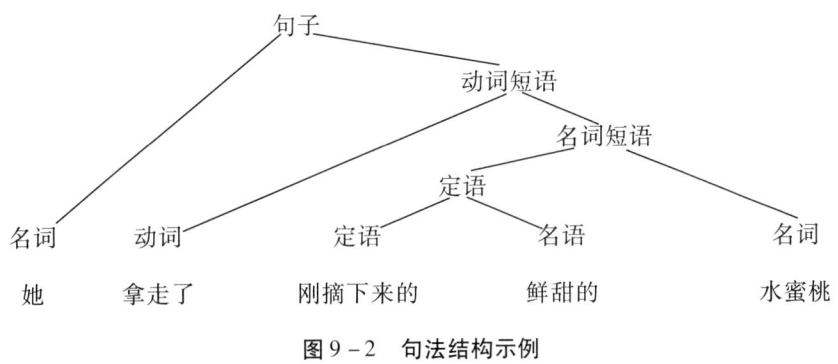

图 9-2 句法结构示例

句法分析是语块分析思想的一个直接实现，语块分析通过识别出高层次的结构单

---

① 注：语法规则是一个正则表达式，? 指的是一个且必须有一个，* 指的是可以是 0 个，也可以是任意个。<DT>? <JJ>* <NN>是指一个冠词+任意个形容词+名词。

元来简化句子的描述。从不同的句子中找到语块规律的一条途径是对句子进行语法分析。

以英文句法为例，我们设定好一些语块规则。如：名词短语由名词组成，或名词加名词组成，或冠词加名词组成。记为：NP→NN、NP→NN NN、NP→DT NN。

以此类推，有以下常用的一些语块规则。

NP→JJ NN

NP→NP PP

VP→V NP

PP→P NP

……

S→NP VP

我们得到分析好的语块结构后，可以生成树图的形式，形象地展现句法的结构。如上例中，生成的句法树如图9-3所示。

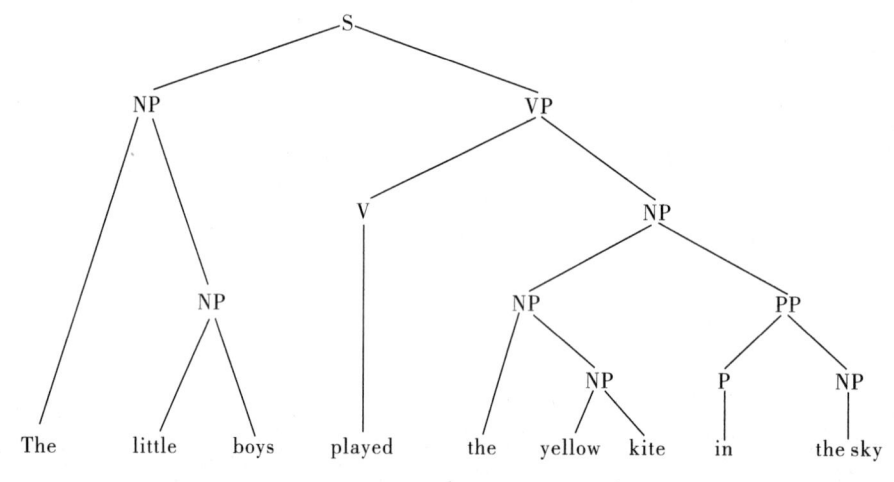

图9-3　生成句法树

9.1.4　语义依存分析

语义依存分析（Semantic Dependency Parsing，SDP），就是用依存结构的形式呈现句子内部的语义关系。语义依存分析的优势是突破句子表层句法结构的束缚，直接得到深层的语义信息。我们通过一个例子来理解语义依存关系。

例如以下三个句子，用不同的表达方式表达了同一个语义信息，即关羽实施了一个放人的动作，放人的动作是对曹操实施的。

关羽在华容道放了曹操。

关羽在华容道把曹操放了。

曹操在华容道被关羽放了。

这三句话在语义层面是无差异的,但句法结构上差异是很大的。因此,采用句法结构来分析显然不恰当。语义依存分析就是忽略句法的结构,直接得到语义信息。这三句的语义分析结果如图 9-4 所示。

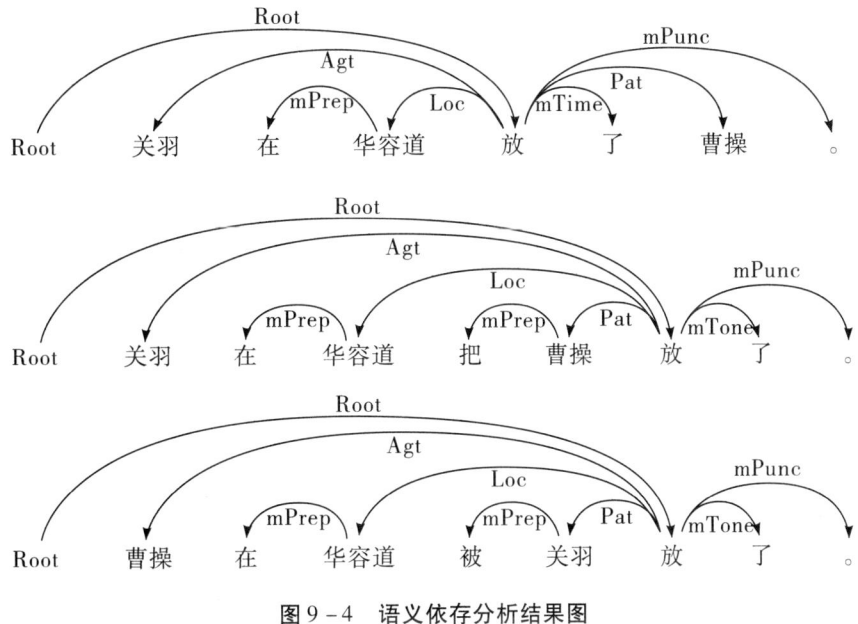

图 9-4 语义依存分析结果图

从图中的分析结果可以看出,虽然这三个句子拥有不同的句子结构,产生了不同的句法分析结果,但是三个句子中语言单元之间的语义关系并没有发生变化。

9.1.5 命名实体识别

命名实体识别(Named Entity Recognition,NER),又称作"专名识别",是指识别文本中具有特定意义的实体,主要包括人名、地名、机构名、专有名词等。命名实体识别是 NLP 里的一项很基础的任务,它为关系抽取等任务做铺垫。

命名实体识别的步骤通常包括两步:①实体边界识别;②确定实体类别(人名、地名、机构名或其他)。英语中的命名实体具有比较明显的形式标志(即实体中的每个词的第一个字母要大写),所以实体边界识别相对容易,任务的重点是确定实体的类别。和英语相比,汉语命名实体识别任务更加复杂,而且相对于实体类别标注子任务,实体边界的识别更加困难。

中文命名实体识别的难点主要有 5 个方面。①汉语文本没有类似英文文本中空格之类的显式标示词的边界标示符,命名实体识别的第一步就是确定词的边界,即分词;②汉语分词和命名实体识别互相影响;③除了英语中定义的实体,外国人名译名和地名译名是存在于汉语中的两类特殊实体类型;④现代汉语文本,尤其是网络汉语文本,常出现中英文交替使用,这时汉语命名实体识别的任务还包括识别其中的英文命名实体；⑤不同的命名实体具有不同的内部特征，不可能用一个统一的模型来刻画所有的实体内部特征。

目前命名实体识别的方法有很多，如基于规则和词典的方法、基于统计的方法、基于深度学习的方法，以及多种方法的混合方法等。这些算法程序过于复杂，超出本书的范围，因此不展开介绍。本章后将对命名实体识别的实践应用进行介绍。

9.2 基于 Stanford CoreNLP 平台的应用

Stanford CoreNLP 提供了一套人类语言技术工具。它可以实现词干还原，标注词的词性。

9.2.1 在线演示

Stanford CoreNLP 平台有在线演示功能，操作方便简洁。演示平台网址为：http：//nlp.stanford.edu：8080/parser/index.jsp。演示时可以选择英文、中文、法文等多种语言。

（1）英文演示（见图 9-5）。

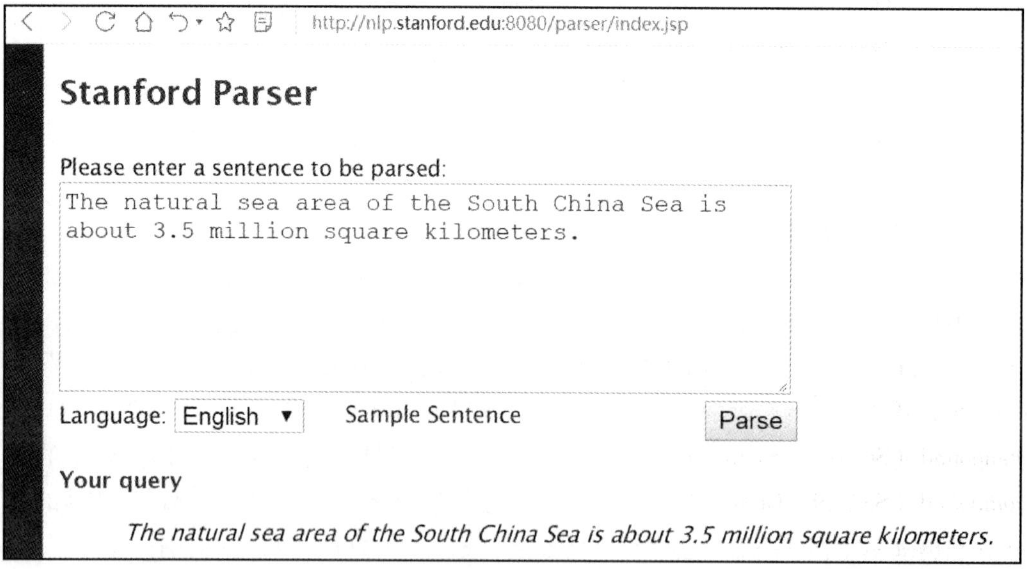

图 9-5 英文演示

显示的结果为:

Your query

The natural sea area of the South China Sea is about 3.5 million square kilometers.

Tagging

The/DT natural/JJ sea/NN area/NN of/IN the/DT South/NNP China/NNP Sea/NNP is/VBZ about/RB 3.5/CD million/CD square/JJ kilometers/NNS ./.

Parse

(ROOT
　(S
　　(NP
　　　(NP (DT The) (JJ natural) (NN sea) (NN area))
　　　(PP (IN of)
　　　　(NP (DT the) (NNP South) (NNP China) (NNP Sea))))
　　(VP (VBZ is)
　　　(NP
　　　　(QP (RB about) (CD 3.5) (CD million))
　　　　(JJ square) (NNS kilometers)))
　　(. .)))

Universal dependencies

det (area-4, The-1)
amod (area-4, natural-2)
compound (area-4, sea-3)
nsubj (kilometers-15, area-4)
case (Sea-9, of-5)
det (Sea-9, the-6)
compound (Sea-9, South-7)
compound (Sea-9, China-8)
nmod (area-4, Sea-9)
cop (kilometers-15, is-10)
advmod (million-13, about-11)
compound (million-13, 3.5-12)
nummod (kilometers-15, million-13)
amod (kilometers-15, square-14)
root (ROOT-0, kilometers-15)

Universal dependencies, enhanced
det（area－4，The－1）
amod（area－4，natural－2）
compound（area－4，sea－3）
nsubj（kilometers－15，area－4）
case（Sea－9，of－5）
det（Sea－9，the－6）
compound（Sea－9，South－7）
compound（Sea－9，China－8）
nmod：of（area－4，Sea－9）
cop（kilometers－15，is－10）
advmod（million－13，about－11）
compound（million－13，3.5－12）
nummod（kilometers－15，million－13）
amod（kilometers－15，square－14）
root（ROOT－0，kilometers－15）

（2）中文演示（见图9－6）。

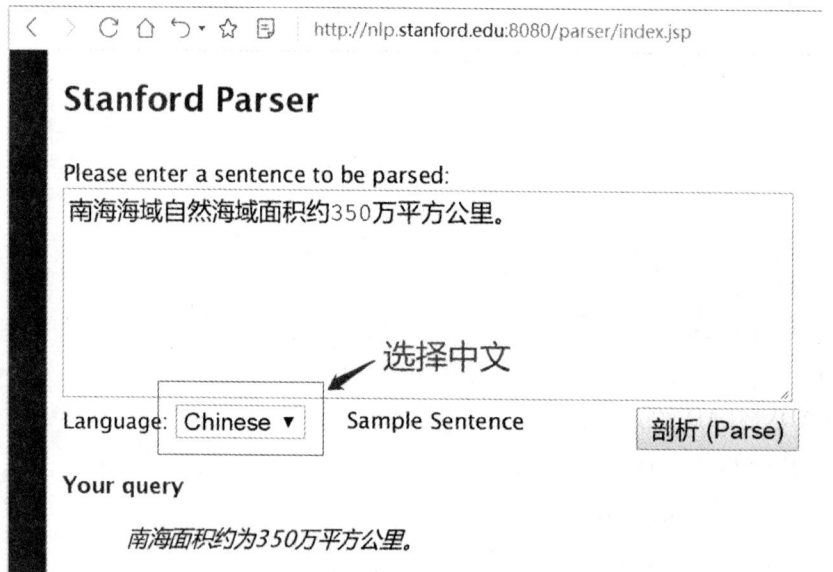

图9－6　中文演示

显示的结果为：

Your query

南海面积约为350 万平方公里。

Segmentation

南海

面积

约

为

350 万

平方公里

。

Tagging

南海/NR

面积/NN

约/AD

为/VC

350 万/CD

平方公里/M

。/PU

Parse

（ROOT

  （IP

    （NP

     （NP（NR 南海））

     （NP（NN 面积）））

    （VP

     （ADVP（AD 约））

     （VP（VC 为）

      （QP（CD 350 万）

       （CLP（M 平方公里）))))

    （PU 。）))

Universal dependencies

nmod：assmod（面积－2，南海－1）

nsubj（为－4，面积－2）

advmod（为-4，约-3）
root（ROOT-0，为-4）
dep（为-4，350万-5）
mark：clf（350万-5，平方公里-6）
punct（为-4，。-7）
Universal dependencies，enhanced
nmod：assmod（面积-2，南海-1）
nsubj（为-4，面积-2）
advmod（为-4，约-3）
root（ROOT-0，为-4）
dep（为-4，350万-5）
mark：clf（350万-5，平方公里-6）
punct（为-4，。-7）

9.2.2 基于JAVA平台开发的Stanford CoreNLP调用

本小节将讲解Python中调用Stanford CoreNLP的方法。

1. 安装Stanford Core NLP的步骤

（1）安装Stanford CoreNLP自然语言处理包：pip install stanfordcorenlp。

（2）下载Stanford CoreNLP文件：安装的文件都可以在官网中下载。Stanford CoreNLP文件下载地址：

http://nlp.stanford.edu/software/stanford-corenlp-full-2018-10-05.zip。

（3）如果要处理中文信息，必须下载它中文模块。下载地址：

https://nlp.stanford.edu/software/stanford-chinese-corenlp-2018-10-05-models.jar。

（4）将下载的Stanford CoreNLP文件解压缩到某一文件夹，一定要记住这一文件夹的地址，因为调用程序要引用它。同时，把下载的中文模块jar文件复制到此文件内。

2. 安装JDK

因为Stanford CoreNLP是基于Java平台开发的，因此运行时必须要有JDK（Java语言的软件开发工具包），否则调用运行Stanford CoreNLP时会出现错误提示："系统找不到指定的文件"。以Windows操作系统为例，介绍JDK的安装。JDK安装文件下载地址为：https://www.oracle.com/technetwork/java/javase/downloads/index.html。安装过程中，默认的安装地址为c:\program file\java\jdk1.8.0_171（jdk1.8.0_171为版本号），如图9-7所示，也可以更改安装目录。不管如何，需要记住这个安装目录，后续设置系统参数需要用到它。

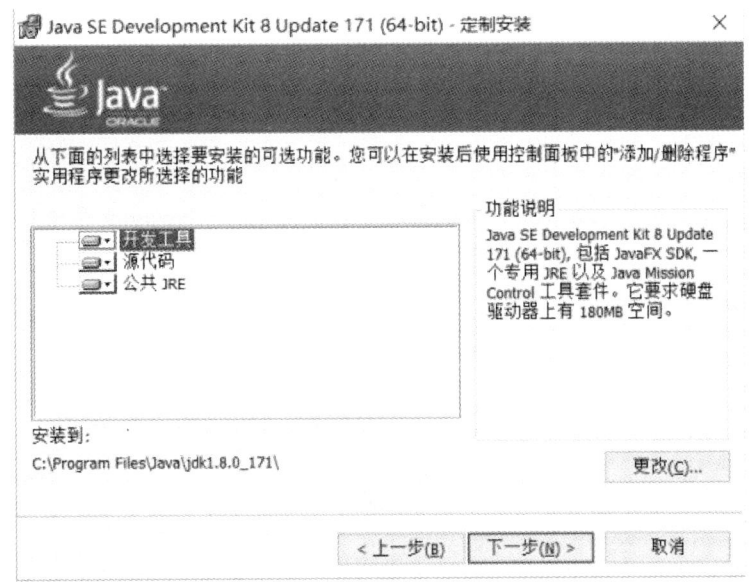

图 9-7　JDK 安装目录选择

安装完 JDK 后还需要配置环境变量。右键点击"计算机"→属性→高级系统设置→高级→环境变量。

系统变量→新建 JAVA_ HOME 变量。

变量值填写 JDK 的安装目录（本例中是 c：\ program file \ java \ jdk1.8.0_171）。如图 9-8 所示。

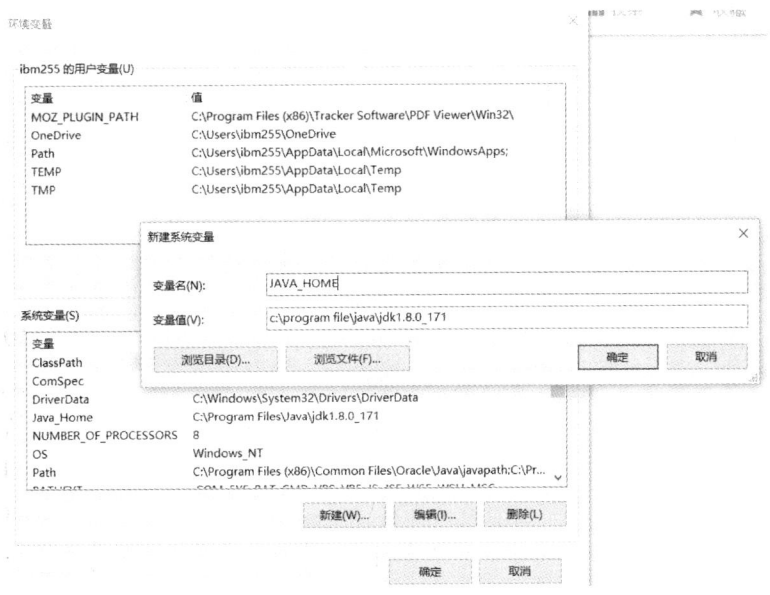

图 9-8　变量值填写 JDK 的安装目录

系统变量→寻找 Path 变量→编辑，在变量值最后增加%JAVA_HOME% \ bin 和% JAVA_HOME% \ jre \ bin 这两项。如图 9-9 所示。

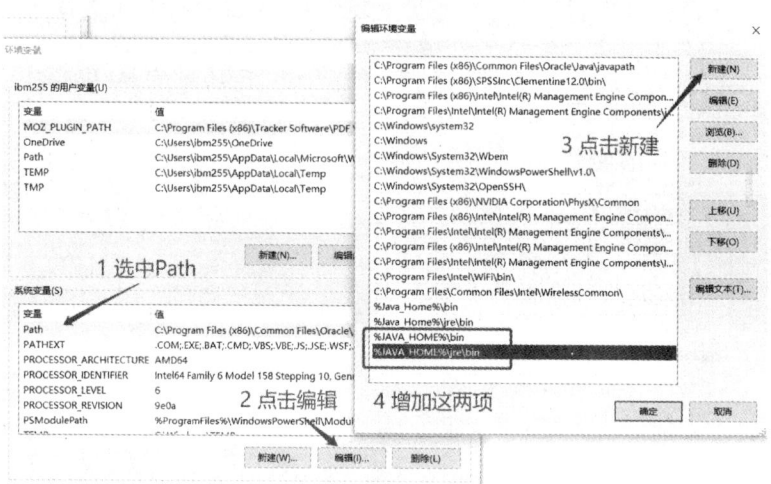

图 9-9　编辑环境变量

系统变量→新建 Class Path 变量，变量值填写";%Java_Home% \ bin;%Java_Home% \ lib \ tools.jar"（注意分号不能漏掉）。如图 9-10 所示。

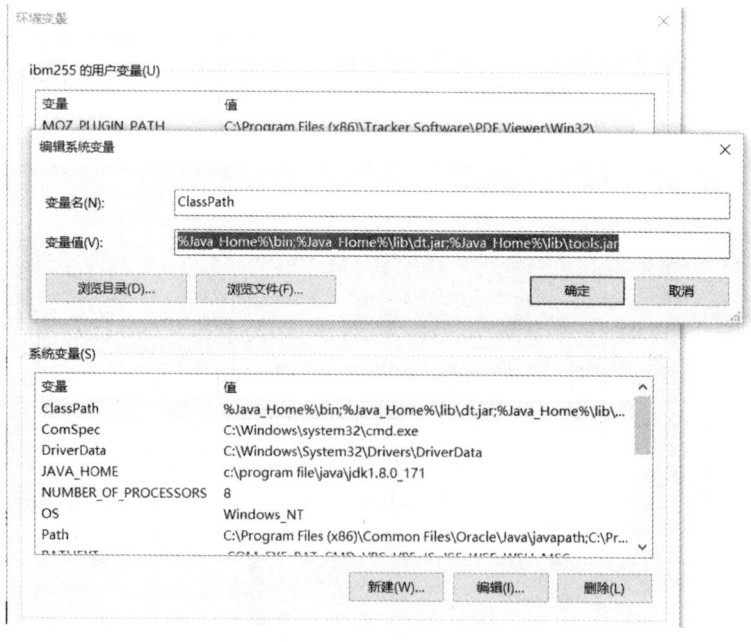

图 9-10　编辑系统变量

系统变量配置完毕。

检验是否配置成功，运行 cmd，输入：java -version（java 和 -version 之间有空格）。若如图 9-11 所示，显示版本信息，则说明安装和配置成功。

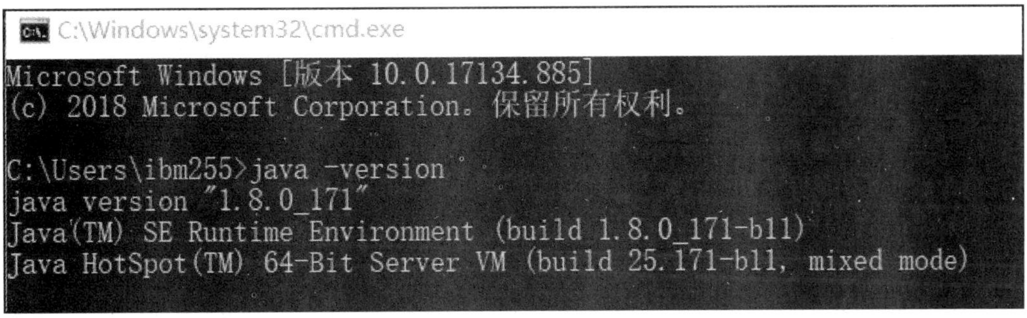

图 9-11　显示版本信息

3. 程序调用

首先要加载 Stanford CoreNLP。加载方法为：

from stanfordcorenlp import StanfordCoreNLP

接着定义一个 Stanford CoreNLP 类，一定要在类参数中注明 Stanford CoreNLP 文件所在的目录，在本例为：E:\ python \ stanfordnlp \ stanford – corenlp – full – 2018 – 10 – 05

path = r" E:\ python \ stanfordnlp \ stanford – corenlp – full – 2018 – 10 – 05"

nlp = StanfordCoreNLP（path）

Stanford CoreNLP 中常用的 NLP 功能函数见表 9-3。

表 9-3　常用的 NLP 功能函数

函数名	功能
word_tokenize	分词
pos_tag	词性标注
ner	命名实体识别
parse	句法分析
dependency_parse	依存句法分析

【例 9-2】利用 Stanford CoreNLP 对英文句子进行相应的处理。

```
from stanfordcorenlp import StanfordCoreNLP
path = r"E:\ python \ stanfordnlp \ stanford - corenlp - full - 2018 - 10 - 05"
nlp = StanfordCoreNLP(path)
```

```
sentence = 'Guangdong Province is located in southern China'
print("分词:",nlp.word_tokenize(sentence))
print("词性标注:",nlp.pos_tag(sentence))
print("命名实体识别:",nlp.ner(sentence))
print("句法分析:",nlp.parse(sentence))
print("依存句法分析:",nlp.dependency_parse(sentence))
```

输出结果为:

分词:['Guangdong','Province','is','located','in','southern','China']

词性标注:[('Guangdong','NNP'),('Province','NNP'),('is','VBZ'),('located','JJ'),('in','IN'),('southern','JJ'),('China','NNP')]

命名实体识别:[('Guangdong','STATE_OR_PROVINCE'),('Province','LOCATION'),('is','O'),('located','O'),('in','O'),('southern','O'),('China','COUNTRY')]

句法分析:(ROOT
  (S
   (NP (NNP Guangdong) (NNP Province))
   (VP(VBZ is)
    (ADJP(JJ located)
     (PP(IN in)
      (NP (JJ southern) (NNP China)))))))

依存句法分析:[('ROOT',0,4),('compound',2,1),('nsubj',4,2),('cop',4,3),('case',7,5),('amod',7,6),('nmod',4,7)]

Stanford CoreNLP 默认处理的是英文文本,如果要处理中文文本,则首先要确保下载好的中文模块放进了 Stanford CoreNLP 所在文件夹,同时,要在生成 Stanford CoreNLP 类时加上语言参数:lang='zh'。

【例9-3】利用 Stanford CoreNLP 对中文句子进行相应的处理。

```
from stanfordcorenlp import StanfordCoreNLP
nlp = path = r"E:\python\stanfordnlp\stanford-corenlp-full-2018-10-05"
nlp = StanfordCoreNLP(path, lang='zh')        #中文NLP

sentence = '小朋友们在球场踢足球。'
print("分词:",nlp.word_tokenize(sentence))
```

```
print("词性标注:",nlp.pos_tag(sentence))
print("命名实体识别:",nlp.ner(sentence))
print("句法分析:",nlp.parse(sentence))
print("依存句法分析:",nlp.dependency_parse(sentence))
```
输出结果为：

分词：['小朋友们','在','球场','踢足球','。']

词性标注：[('小朋友们','NN'),('在','P'),('球场','NN'),('踢足球','NN'),('。','PU')]

命名实体识别：[('小朋友们','O'),('在','O'),('球场','O'),('踢足球','O'),('。','O')]

句法分析：(ROOT
　　(IP
　　　(NP (NN 小朋友们))
　　　(VP (P 在)
　　　　(NP (NN 球场) (NN 踢足球)))
　　　(PU 。)))

依存句法分析：[('ROOT',0,4),('dep',4,1),('case',4,2),('compound:nn',4,3),('punct',4,5)]

9.2.3　基于 Python 开发的 StanfordNLP 的调用

早期的 Stanford CoreNLP 是基于 JAVA 开发的，使用它之前必须安装 JDK（Java 语言的软件开发工具包）。2018 年 Stanford 官方发布了 Python 版的 NIP 处理工具包——StanfordNLP。该工具包支持 Python 3.6 及之后版本，内部基于 PyTorch 1.0，支持多种语言的完整文本分析管道，包括分词、词性标注、词形归并和依存关系解析，此外它还提供了与 CoreNLP 的 Python 接口。StanfordNLP 不仅提供 CoreNLP 的功能，还包含一系列工具，可将文本字符串转换为句子和单词列表，生成单词的基本形式、词性和形态特征，以及适用于 70 余种语言中的句法结构。

1. 安装步骤

步骤 1：安装 PyTorch。

PyTorch 是一个以 Python 优先的深度学习框架，不仅能够实现强大的 GPU 加速，同时还支持动态神经网络，可以说是一个拥有自动求导功能的强大的深度神经网络。StanfordNLP 是基于 PyTorch 1.0.0 开发的，所以首先要安装好 PyTorch 1.0.0 或更高版本，才能正常使用。进入 PyTorch 的官方网站早期版本的下载页面：https://pytorch.org/get-started/previous-versions/，找到"Windows binaries"栏，如图 9-12 所示。找到需要下载的版本，本书中安装的 Anaconda 版本是 3.7，即 Python 的版本是

3.7，因此选择"cpu/torch-1.0.0-cp37-cp37m-win_amd64.whl"，单击右键"属性"，复制它的下载链接。

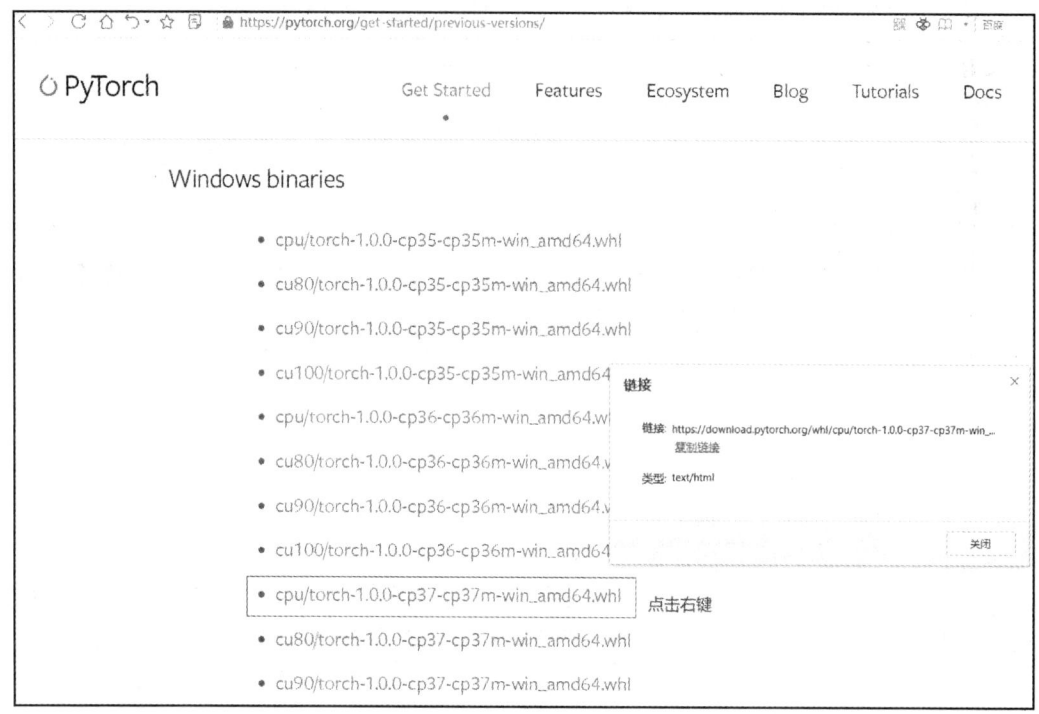

图 9-12　PyTorch 的官方网站早期版本的下载页面

进入 Anaconda 的 Prompt 窗口，输入以下命令：

pip install https：//download.pytorch.org/whl/cpu/torch-1.0.0-cp37-cp37m-win_amd64.whl

pip install 后面的网址是上面复制的 PyTorch 安装文件的下载网址。如图 9-13 所示，成功安装 PyTorch 1.0。

图 9-13　成功安装 PyTorch 1.0

步骤 2：安装 StanfordNLP。在 Anaconda 的 Prompt 窗口，输入以下命令：

pip install stanfordnlp

如果安装 StanfordNLP 过程出现错误提示：ERROR: Could not install

packages due to an EnvironmentError: [WinError 5] 拒绝访问。:'C:\\ ProgramData\\Anaconda3\\Lib\\site-packages\\tests__init__.py'

Consider using the '--user' option or check the permissions。则可能是没有权限的问题，可以尝试在命令中加个--user，即：

pip install --user stanfordnlp

2. StanfordNLP 调用

【例9-4】输出英文句子中的句法依存关系。

```
import stanfordnlp
stanfordnlp.download('en')
# This downloads the English models for the neural pipeline
nlp = stanfordnlp.Pipeline()
# This sets up a default neural pipeline in English
doc = nlp("May 19th, 2019, World Bank Economists visited GDUFS.")
doc.sentences[0].print_dependencies()
```

最后一个命令输入字符串的单词（如果有多个句子，则是第一句子中的单词，sentences[0]是文档中的第一句，sentences[i]则是第i-1句），以及单词之间的依存关系。结果显示为：

```
('May', '9', 'obl:tmod')
('19th', '1', 'nummod')
(',', '2', 'punct')
('2019', '1', 'nummod')
(',', '9', 'punct')
('World', '7', 'compound')
('Bank', '8', 'compound')
('Economists', '9', 'nsubj')
('visited', '0', 'root')
('GDUFS', '9', 'obj')
('.', '9', 'punct')
```

StanfordNLP 具有分词、词性标注、句法分析等功能。上例中 sentences[i] 成员除了显示依存句法关系的 print_dependencies() 函数外，还可以利用 print_tokens() 和 print_words() 显示分词及词性标注、英文的词形还原等。例如，将上例中的最后一句，改为 doc.sentences[0].print_words()，结果显示为：

<Word index=4; text=2019; lemma=2019; upos=NUM; xpos=CD;

feats = NumType = Card; governor = 1; dependency_relation = nummod >

<Word index = 5; text = ,; lemma = ,; upos = PUNCT; xpos = ,; feats = _; governor = 9; dependency_relation = punct >

<Word index = 6; text = World; lemma = World; upos = PROPN; xpos = NNP; feats = Number = Sing; governor = 7; dependency_relation = compound >

<Word index = 7; text = Bank; lemma = Bank; upos = PROPN; xpos = NNP; feats = Number = Sing; governor = 8; dependency_relation = compound >

<Word index = 8; text = Economists; lemma = Economists; upos = PROPN; xpos = NNPS; feats = Number = Plur; governor = 9; dependency_relation = nsubj >

<Word index = 9; text = visited; lemma = visit; upos = VERB; xpos = VBD; feats = Mood = Ind | Tense = Past | VerbForm = Fin; governor = 0; dependency_relation = root >

<Word index = 10; text = GDUFS; lemma = gduf; upos = NOUN; xpos = NNS; feats = Number = Plur; governor = 9; dependency_relation = obj >

<Word index = 11; text = .; lemma = .; upos = PUNCT; xpos = .; feats = _; governor = 9; dependency_relation = punct >

StanfordNLP 对文本分析的结果存在 sentences [i] 的 words 成员中，内容见表 9-4。

表 9-4　StanfordNLP 对文本分析的结果

内容	说明	举例
index	Access index of this word.	1
text	Access text of this word.	'The'
lemma	Access lemma of this word.	
parent_token		
pos	Access (treebank-specific) part-of-speech of this word.	'NNP'
upos	Access universal part-of-speech of this word.	'DET'
xpos	Access treebank-specific part-of-speech of this word.	'NNP'
governor	Access governor of this word.	
dependency_relation	Access dependency relation of this word.	'nmod'
feats	Access morphological features of this word.	'Gender = Fem'

【例 9-5】调用 StanfordNLP 分析处理中文文本。

```
import stanfordnlp
nlp = stanfordnlp.Pipeline (lang = "zh", treebank = "zh_gsd")
#处理中文
# a document is made of sentences
doc = nlp("南海面积约为 350 万平方公里。")
# we pick our first and only sentence
only_sentence = doc.sentences [0]
for word in only_sentence.words:
    print ( "text:", word.text," \ t "," pos:", word.pos," \ t ",
"dependency:",word.dependency_relation)
```

显示结果为:

text: 南海　　　　　pos: NNP　　　　dependency: nmod
text: 面积　　　　　pos: NN　　　　　dependency: nsubj
text: 约为　　　　　pos: JJ　　　　　dependency: root
text: 350　　　　　 pos: CD　　　　　dependency: nummod
text: 万　　　　　　pos: NNB　　　　 dependency: clf
text: 平方公里　　　pos: NNB　　　　 dependency: advmod
text: 。　　　　　　pos: .　　　　　　dependency: punct

9.3 基于 BosonNLP 的应用

Boson 中文语义开放平台提供使用简单、功能强大、性能可靠的中文自然语言分析平台，具有中文分词、句法分析、语义联想和实体识别等功能，操作简洁，使用方便。

Boson NLP 在线演示的网址为：https://bosonnlp.com/demo。演示功能有：词性分析、实体识别、依存文法、情感分析、新闻摘要、新闻分类、关键词提取、语义联想。图 9-14 是依存文法的演示结果。

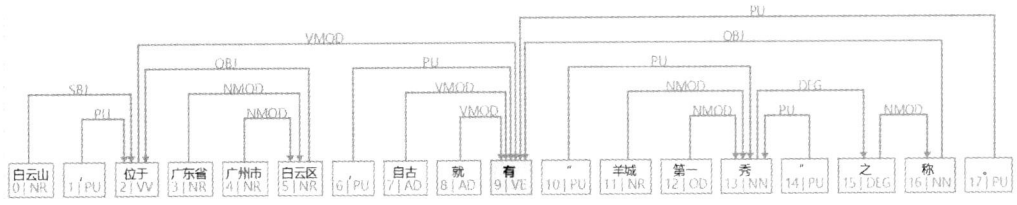

图 9-14　BosonNLP 在线演示依存文法的结果

BosonNLP 引擎以 REST API 的方式提供服务,包括 Python 在内的任何编程语言都可以轻松使用。在正式开始前,用户需要先注册一个 Boson 账号。完成后,在控制台的底部查看 API Token(密钥),该密钥将用于身份验证。

运用 Python 语言调用 BosonNLP 最方便的方法是通过 SDK(Software Development Kit,软件开发包)的方式使用。BosonNLP Python SDK 是由 BOSON 官方支持的开发者工具包,提供了对 REST 接口的简化封装。最简便的安装方式是通过 pip。

pip install bosonnlp

9.3.1 命名实体识别

命名实体识别(NER)是指识别文本中具有特定意义的实体,主要包括人名、地名、机构名、专有名词等。命名实体识别是信息提取、问答系统、句法分析、机器翻译等应用领域的重要基础工具,作为结构化信息提取的重要步骤。在 BosonNLP NER 中,将识别以下类别的实体,见表 9-5。

表 9-5 命名实体识别

时间	地点	人名	组织名	公司名	产品名	职位
time	location	Person name	Org name	Company name	Product name	Job title

【例 9-6】

```
from __future__ import print_function, unicode_literals
import json
import requests
NER_URL = 'http://api.bosonnlp.com/ner/analysis'
s = ['2017年9月,北京大学著名作家老舍的长篇小说经典《四世同堂》由东方出版中心出版上市。']
data = json.dumps(s)
headers = {
    'X-Token':" YOUR_API_TOKEN",
    'Content-Type': 'application/json'
}
resp = requests.post(NER_URL, headers=headers, data=data.encode('utf-8'))
for item in resp.json():
    for entity in item['entity']:
        print(''.join(item['word'] [entity[0]: entity[1]]), entity[2])
```

返回的结果为:
2017 年 9 月 time
北京大学 org_name
作家 job_title
老舍 person_name
《四世同堂》product_name
东方出版中心 org_name

基于 SDK 的调用

```
# -*- encoding: utf-8 -*-
from __future__ import print_function, unicode_literals
from bosonnlp import BosonNLP

# 注意:在测试时请更换为您的 API Token
nlp = BosonNLP('YOUR_API_TOKEN')
s = ['2017年9月,北京大学著名作家老舍的长篇小说经典《四世同堂》由东方出版中心出版上市。']
result = nlp.ner(s)[0]          #0 是 s 的索引
words = result['word']
entities = result['entity']
for entity in entities:
    print(''.join(words[entity[0]: entity[1]]), entity[2])
```

JSON 格式的实体识别引擎返回的结果,见表 9-6。

表 9-6 返回结果

key	type	说明
word	list	分词结果
tag	list	词性标注结果
entity	list	命名实体结果

其中命名实体结果为一个三元组:(s, t, entity_type),表示 word [s: t] 的内容为类型 entity_type 的实体。例如,上例中的一个实体 [0, 2, 'time'],word [s: t],即 word [0: 2] 表示的是分词中的第 1 个和第 2 个词,即 '2017 年' 和 '9 月' 这两个词,它的命名实体类型为 'time'。

9.3.2 依存文法分析

依存文法分析核心思想为将一个线性描写的句子表述为成员之间的搭配与驱动关

系。依存文法分析引擎的依存关系具有如下表中只有 22 种，见表 9-7。

表 9-7 依存文法分析引擎的依存关系

名称	解释	举例
ROOT	核心词	警察 * 打击 * 犯罪。
SBJ	主语成分	* 警察 * 打击犯罪。
OBJ	宾语成分	警察打击 * 犯罪 * 。
PU	标点符号	你好 * ！ *
TMP	时间成分	* 昨天下午 * 下雨了。
LOC	位置成分	我 * 在北京 * 开会。
MNR	方式成分	我 * 以最快的速度 * 冲向了终点。
POBJ	介宾成分	他 * 对客人 * 很热情。
PMOD	介词修饰	这个产品 * 直 * 到今天才完成。
NMOD	名词修饰	这是一个 * 大 * 错误。
VMOD	动词修饰	我 * 狠狠地 * 打 * 了 * 他。
VRD	动结式（第二动词为第一动词结果）	福建省 * 涌现出 * 大批人才。
DEG	连接词"的"结构	* 我 * 的妈妈是超人。
DEV	"地"结构	他 * 狠狠 * 地看我一眼。
LC	位置词结构	我在 * 书房 * 里吃饭。
M	量词结构	我有 * 一 * 只小猪。
AMOD	副词修饰	一批 * 大 * 中企业折戟上海。
PRN	括号成分	北京（首都）很大。
VC	动词"是"修饰	我把你 * 看作 * 是妹妹。
COOR	并列关系	希望能 * 贯彻 * 执行 * 该方针。
CS	从属连词成分	如果 * 可行 * ，我们进行推广。
DEC	关系从句"的"	这是 * 以前不曾遇到过 * 的情况。

Python 平台调用示例。

【例 9-7】

```
# -*- encoding: utf-8 -*-
from __future__ import print_function, unicode_literals
```

```
import json

import requests
DEPPARSER_URL = 'http://api.bosonnlp.com/depparser/analysis'
s = ['老舍先生收藏了100多位名伶的扇子。']
data = json.dumps(s)
headers = {
    'X-Token': 'YOUR_API_TOKEN',
    'Content-Type': 'application/json'
}
resp = requests.post(DEPPARSER_URL, headers=headers, data=data.encode('utf-8'))
for item in resp.json():
    print(' '.join(item['word']))
    print(' '.join(item['tag']))
    print(item['head'])
    print(' '.join(item['role']))
```

输出的结果为：

老舍 先生 收藏 了 100 多位 名伶 的 扇子 。
NR NN VV AS CD M NN DEG NN PU
[1, 2, -1, 2, 5, 6, 7, 8, 2, 2]
NMOD SBJ ROOT VMOD M NMOD DEG NMOD OBJ PU

【例9-8】通过Python SDK调用。

```
# -*- encoding: utf-8 -*-
from __future__ import print_function, unicode_literals
from bosonnlp import BosonNLP
# 注意：在测试时请把下行的'YOUR_API_TOKEN'更换为您的API Token
nlp = BosonNLP('YOUR_API_TOKEN')
s = ['老舍先生收藏了100多位名伶的扇子。']
result = nlp.depparser(s)
print(' '.join(result[0]['word']))
print(' '.join(result[0]['tag']))
print(result[0]['head'])
print(' '.join(result[0]['role']))
```

上例中，nlp.depparser(s) 返回的 result 是一个字典，值为：{'head': [1, 2, -1, 2, 5, 6, 7, 8, 2, 2], 'role': ['NMOD', 'SBJ', 'ROOT', 'VMOD', 'M', 'NMOD', 'DEG', 'NMOD', 'OBJ', 'PU'], 'tag': ['NR', 'NN', 'VV', 'AS', 'CD', 'M', 'NN', 'DEG', 'NN', 'PU'], 'word': ['老舍', '先生', '收藏', '了', '100 多', '位', '名伶', '的', '扇子', '。']}

9.4 小结

本章介绍自然语言处理的一些常见的任务，包括词性标注、语块抽取、句法分析、命名实体识别等。然后详细介绍了基于 StanfordNLP 平台和 BosonNLP 平台的应用方法，包括在线演示和基于 Python 的程序调用。

思考与练习

（1）简述词性的常用分类。

（2）编制程序，调用 Stanford CoreNLP 功能，对第 8 章思考和练习中的文本进行语义依存分析。

（3）编制程序，调用 BosonNLP 功能，对第 8 章思考和练习中的文本进行语义依存分析。

第 10 章 文本情感分析

什么是情感？《心理学大辞典》中解释道：情感是人对客观事物是否满足自己的需要而产生的态度体验。

互联网已经成为当下重要的社会生活基础设施，已成为承载人们社会生活的重要渠道。人们通过互联网参与到电子政务、电子商务、网络社交、电竞娱乐等各种社会事务中，比如微博上经常出现一些喜怒哀乐情绪的发布，大众点评中对产品，服务的评价，这里面有大量丰富的情感文本资源。可见，在互联网中积淀了海量的，关于特定产品、服务，或者关于人际关系的各种用户评价。这些评价信息，对于政府/商家了解民意（客户）、改进服务流程、提高服务（产品）质量、优化施政规划（产品/品牌战略）决策等具有重要意义。由于数据量巨大，采用人工分析不具备效价比优势。而随着计算机硬件水平的飞速提高和自然语言处理技术的快速发展，采用相关软件对海量数据进行分析，已经成为一个学术研究热点，并已逐步应用于各类行政或商业领域。

文本情感分析是自然语言处理领域的重要应用，也称为文本倾向性分析、文本意见抽取、文本意见挖掘、文本情感挖掘、文本主观分析，是对带有情感色彩的主观性文本进行分析、处理、归纳和推理的过程。本章简单介绍常用的文本情感分类方法、文本情感分析的基本流程，并用实际案例展示如何通过一些开放资源或工具进行实际的文本情感分析。

10.1 文本情感分类

10.1.1 情感分类模型

人类的情感具有多样性特征。我们经常能想起来的词或者看到的词，比如喜极而泣、抱头痛哭、捶胸顿足、七情六欲、五味杂陈等等，表达了我们的喜怒哀乐。自古以来就有很多关于情感的研究，比如《黄帝内经》在讨论情志与疾病关系时，将情志分为喜、怒、忧、思、悲、恐、惊七种，简称"七情"；而《礼记》认为"喜、怒、哀、惧、爱、恶、欲"是无须经过学习而天赋自备的七种人类情感（"何谓人情？……七者，弗学而能"）等。现代汉语中，经常用于表达情感的对应词汇则包括高兴、悲伤、愤怒、恐惧、厌恶、惊奇等。

随着现代心理学的发展，有不少心理学家提出了多个情感/情绪分类模型。如美国心理学家普拉切克（Robert Plutchik）用一个2D和3D结合的图说明情感及其程度，通常称为"情绪色轮"，其中将人类情绪分为8个类别，每个类别按情绪强度分为3个等级，列表见表10-1。

表10-1 普拉切克情绪色轮中8个情绪类别及其情绪强度

编号	弱	一般	强	编号	弱	一般	强
1	宁静	快乐	狂喜	5	沉思	哀伤	悲痛
2	兴趣	预期	警惕	6	分散、错乱	惊奇	令人惊异
3	烦恼	气愤	愤怒	7	忧虑	害怕	恐怖
4	无聊	嫌恶	厌恶	8	接受	信任	钦佩

另外，普拉切克还提出假设，两种临近的基本情绪的组合会产生一种复合的情绪，如"乐观"是由"高兴"和"期望"产生的组合。情绪色轮图如图10-1所示。

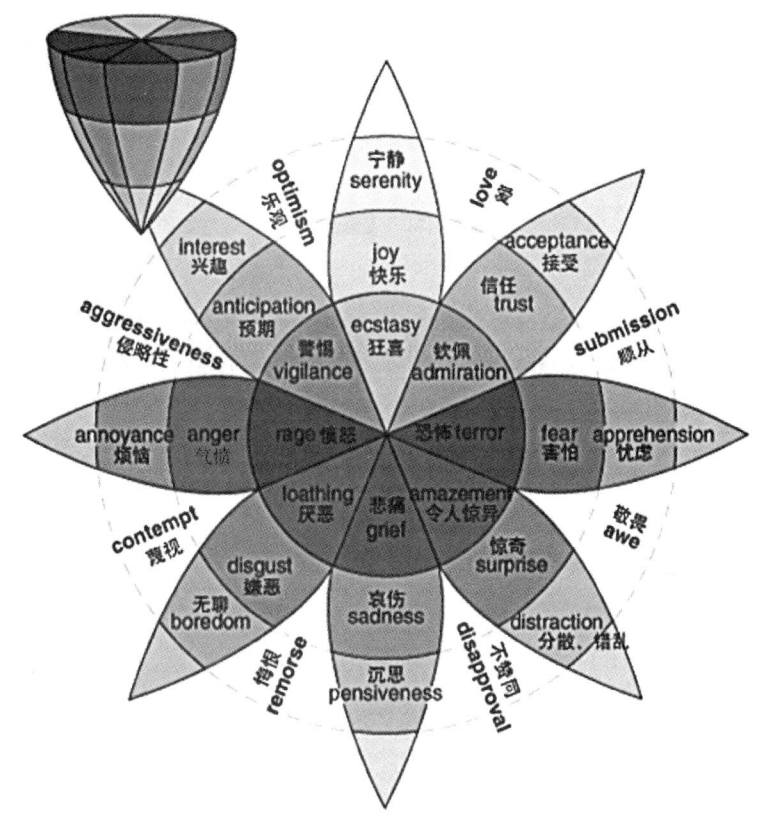

图 10-1 普拉切克情绪色轮图示

类似的模型还有不少。如美国心理学家奥托尼（Andrew Ortony）提出的 OCC（Ortony Clore Collins）情绪模型，该模型基于人对各种情况的情绪反应制定了 22 种情绪类别，主要用于模拟一般情况下的情绪。再如，英国心理学家帕洛特（W. Gerrod Parrott）在其著作 *Emotions in Social Psychology* 中提出了一种基于树结构的情绪分类模型，该模型由 6 种基本情绪组成，分别为爱（love）、高兴（joy）、诧异（surprise）、愤怒（anger）、悲伤（sadness）和恐惧（fear），并根据基本情绪构建了一个 3 层的树结构，分类模型的第 1 层由 6 种基本情绪构成，第 2 层、第 3 层都改善了上一层的粒度。帕洛特模型可以识别出 100 多种情绪，并在树结构化列表中将抽象的情绪概念化，被认为是目前最微妙的情绪分类。

10.1.2 情感分析

（1）粗/细粒度情感分析。

文本情感分析实践中，有两种主要的方式，其中第一种是粗粒度情感分析。粗粒度情感分析主要用来判断情感倾向，表明一个人对某件事或对某个物体的整体评价，因此也称为倾向性分析。实践中常采用的两种方法，一种是倾向性分类，即对特定产品或服务的褒、贬、中的分类，还有一种是微博中经常出现的情绪分类，表示个人主观情绪的喜、怒、悲、恐、惊等类别。图 10-2 是近 2 万名用户对同一款手机的购买评价的倾向性分析结果。①

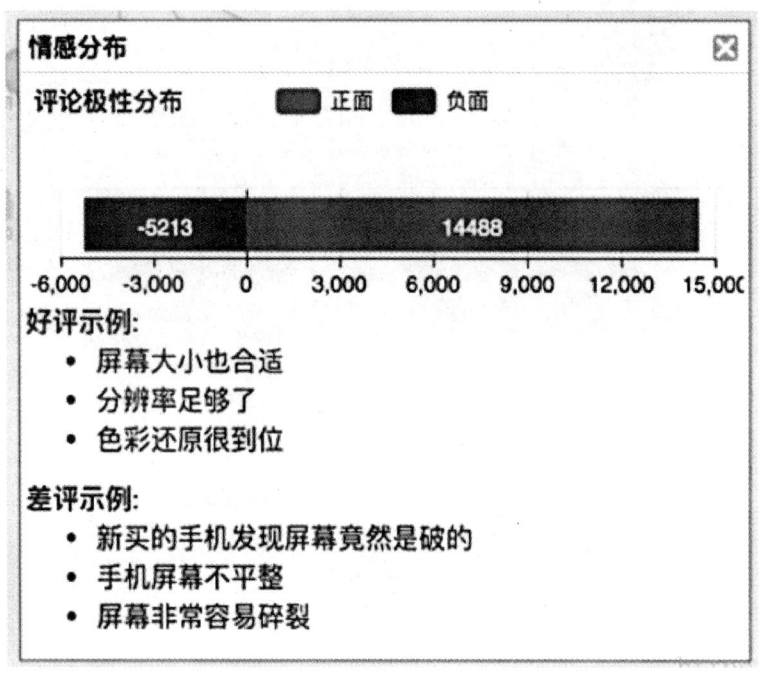

图 10-2　用户对某手机的购买评价的倾向性分析示例

但人们逐渐发现，粗粒度情感分析难以充分表达人类复杂的内心世界，不仅忽视了用户所表达的细微情绪变化，而且难以较全面地涵盖用户的心理状态。所谓细粒度情感分析，即明确区分文本中所针对的评价对象及其属性的情感倾向。例如，对于这段产品评价文本"iPhone 10 很不错，除了贵，买不起，新的 iWatch 可以买一个，跑步就不要带手机了"，其中有两个评价对象，第一个评价对象是 iPhone，该用户对它的评价是很不错，但是很贵，在购买不购买上持否定态度，iWatch 是第二个评价对象，该用户评价认为跑步时可以不用带手机，所以相对于 iPhone 来讲，更倾向于买 iWatch。可见，细粒度情感分析需要分别把不同的评价对象抽取出来，把评价词语、情感类别分别判定出来，这样就可以细粒度分析一个产品、服务甚至个人情感。

因而，粗粒度情感分析是为商家了解用户对产品的整体性评论、政府了解公众舆情提供参考。细粒度情感分析可以提供所评价的产品或服务的精准画像，为商家和用户提供更精确的评估。

---

① 引自哈尔滨工业大学 SCIR 研究中心主任秦兵在 2018 CCF-GAIR（深圳）讲稿。

这些情感类别，无论它怎么划分或者划分的颗粒度有多细，总体上而言，是一个分类任务。在技术实现上，主要分为基于词典的技术和基于机器学习的技术两大类：基于词典的技术，根据人工参与程度不同，又可分为人工构建情感词典和自动构建情感词典两类；基于机器学习的技术，根据情感分类方法不同，可分为基于朴素贝叶斯的方法、基于最大熵的方法和基于 SVM（支持向量机，Support Vector Machine）的方法等 3 大类，见表 10-2。

表 10-2 情感分析实践技术路线简表

大类	小类	备注
基于词典	人工构建情感词典	SentiWordNet（英文）、HowNet、情感本体、NTUSD、同义词词林（哈工大）等
	自动构建情感词典	
基于机器学习	基于朴素贝叶斯	—
	基于最大熵	—
	基于 SVM	SVM（Support Vector Machin，支持向量机）

其中，在情感词典构建中，每个细分领域会有所侧重。比如，通常来说，可以通过一些情感词来判定一些基本情感，见表 10-3。

表 10-3 通用领域基本情感词示例

情感类别	相关词 1	相关词 2	相关词 3	相关词 4
喜	开心	高兴	喜欢	爱
怒	生气	恨	讨厌	不耐烦
哀	难过	想哭	后悔	伤心
惊	惊讶	惊吓	—	—
惧	恐惧	害怕	—	—

而在特定领域中，表达情感极性的词可能并不是通用领域中的常用词，如在金融-股票领域中，所使用的情感词可见表 10-4。

表 10-4 金融-股票领域情感词示例

情感类别	相关词1	相关词2	相关词3	相关词4	相关词5
正向	利好	反弹	涨停	大涨	上涨
负向	利空	惨败	衰落	下跌	跌停
中性	潜力股	—	—	—	—

（2）隐式情感表达。

隐式情感表达也是文本中常见的情形。无论是听别人的话，还是自己表达情感时，可能未必会使用情感词，据不完全统计，情感表达中有20%~30%是没有使用情感词的，这种就属于隐式情感表达。隐式情感表达可有多种语言表达形式，如事实型、比喻型、反问型等多种表达形式，其中事实型隐式情感表达占70%~74%。事实型隐式情感表达，如一个人住到酒店，他在微博中提到"桌子上有一层灰"，这个表述中没有使用任何情感词，但实际上已经表达了他的不满；再如，"从下单到收到货不到24小时"，表明他称赞快递速度很快，但没有明显的表达词，这些都属于事实型隐式情感表达。

除了事实型隐式情感表达之外，还有一种是采用了特定修辞的隐式情感表达，可简称为修辞型隐式情感表达。这种隐式表达更难区分，如，"没想到你真的比机器人聪明哦！"这句话有褒义词"聪明"，但实际表达语义是隐含在一个人类与机器人的类比知识中才能获知的，具体夸奖还是讽刺跟上下文有关。此外，还有隐喻的方式，比如一个人去旅游胜地爱琴海，并在微博中说"此乃西方文明的摇篮"。

可见，要把隐式情感表达中的真实语义挖掘出来，需要结合上下文，且需要大量真实世界的外部知识。已经有不少团队建立了各种相关的资源，如 SentiWordNet、国内大连理工大学林鸿飞老师团队的隐喻语料库（情感词汇本体库）、山西大学王素格老师团队的隐式情感语料库，这些资源对事实型和修辞型隐式情感提供了一定帮助。另一方面，语料库只是提供某些支持，隐式情感是一种含蓄的表达方式，隐式情感表达因为缺少情感词的指引，所以需要寻找新的特征与表示方法，而且要结合目标，比如当说到玫瑰花、红豆、月亮这些词的时候会联想到哪些情感，这些都可以通过分析推理获得隐式情感的语义。

（3）情感溯因。

情感溯因是对用户情感的来源、原因或动机的深入理解，因而是一种深度情感分析。通过溯因，可以深入理解情感，"知其然，亦知其所以然"。比如，在这个情境中"看着懂事的女儿每天被病痛折磨着，自己却不能为她捐肾，<u>想到自己无能为力，张志英泣不成声</u>"，主角处于一种悲伤的情感中——"泣不成声"，其原因是对于女儿的痛苦"自己无能为力",这是"知其然,亦知其所以然"。通过溯因,还可以进一步预测情感倾向,"知其所以然,亦知其所必然"。例如,对于一个有洁癖的主角,当他/她描述"桌上有一层灰"的时候,就算他/她没有明确的情感表述,但可以预期主角在这种情境下会产生某一种负面情绪,可能是不高兴、生气,或者不安,甚至是发脾气。

此外,可以通过对舆情事件的情绪展示,从而更好地剖析事件,找到情感归因。例如,2015年6月1日晚上9点,一艘载客458人,从南京驶往重庆的客船,在长江中游湖北监利水域倾覆,图10-3展示了在微博上公众对此公共事件的情感分析结果。从图中可见,公众对游轮倾覆事件表达了悲伤的情感,这是正常且合理的;但很容易注意到也有喜悦的情感,这又是为什么呢?研究人员通过对数据的深度挖掘,发现喜悦的情感实际上是由于沉船内部有生命迹象,且已救起8人,公众对此表达了正面情感(希望和喜悦)。

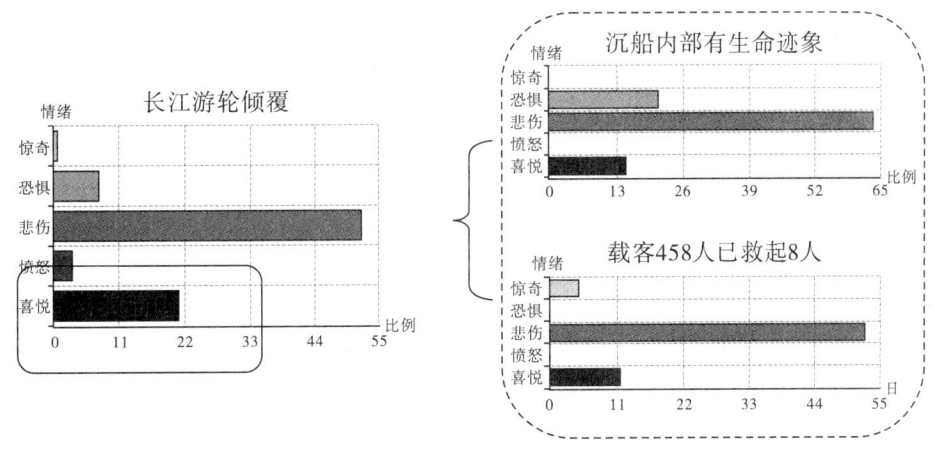

图10-3 公共事件舆情情感展示案例①

作为一种深度情感分析技术,情感溯因的技术实现还处于探索阶段,当前主要是按照类似问答系统研究的方式,通过情感词、记忆网络等进行类别判断,判别文本中哪句话是原因。

(4)机器情感生成。

在自然语言处理概述一章的讨论中,我们知道,机器将语言视为一种符号,自然语言处理对于机器来说是符号处理的过程,机器事实上并不能理解人类语言,更没有自主意识。但在一些交互应用中,人们希望机器人表现得更像人类,这是机器情感生成的原始需求。实际上,情感溯因和情感生成是相辅相成的。机器人与人类的交互,往往发生在一些预设的情境中,比如,智能客服机器人往往是就特定的产品或服务进

---

① 引自哈尔滨工业大学SCIR研究中心主任秦兵在2018 CCF-GAIR(深圳)讲稿。

行咨询，通过对以前人工客服数据的归类和分析，可以设定一些可以预期的情景，比如，客户遇到一个什么问题，可能会愤怒，那么就需要给机器人设定应对的一些情感表达。因此，指定情感类别的情感文本生成是可以实现的。情感文本生成迈出机器情感生成的第一步，在聊天系统中可以进行情感互动，自动生成评论文本可以丰富用户的表达方式，比如用户不善表达，但他对这个东西打分非常高，我们可以帮助他生成一段文字，丰富他的表达。

（5）小结。

情感既是人类的高级思维方式之一，也是社会交往中的重要因素。通过特定的自然语言技术，可以让机器学习理解人类的情感模式，了解人类的情感表达方式，从而对海量数据进行快速的情感分析；情感溯因可以帮助人们在海量数据中，快速发现事件中情感原因或动机；另外，还可以借助指定情感类别方式让机器生成情感文本。

本章仅介绍基本的情感分析流程，并辅以一定的实验说明。

10.2 文本情感分析基本流程

文本情感分析技术实现流程与其他 NLP 技术实现流程大体一致，基本上包括开发环境准备、数据获取、数据预处理、情感分类模型（基于词典/基于机器学习）构建、编码测试与结果评判、结果可视化等，如图 10-4 所示。

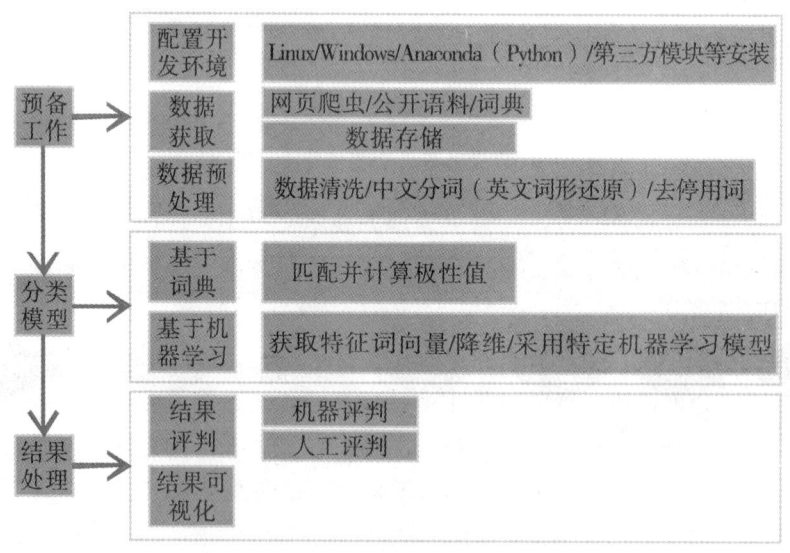

图 10-4 文本情感分析基本流程

本节通过两个案例，展示文本情感分析的技术实现过程。

10.2.1 基于词典的文本情感极性分析(例1)

本例基于现有的词典,包括正/负向情感词典、正/负向评价词典,以及多种程度词典(包括不足、一点、更加、超过、非常、极端、否定等),见表10-5。

表10-5 手工词典机器示例

词典名	文件	举例
正向情感	Positive-emotion.txt	爱怜、爱恋、嘉奖、欢愉、欢娱、犒赏
负向情感	Negative-emotion.txt	哀愁、鄙薄、沉痛、臭骂、挂怀、惶恐
正向评价	Positive-evaluate.txt	蔼然、便利、超群、聪悟、度量大、风趣
负向评价	Negative-evaluate.txt	傲慢、暴躁、背时、不谨慎、不足取、淡漠
不足	Insufficiently.txt	半点、不大、不丁点儿、不甚、不怎么
一点	Alittlebit.txt	多多少少、略微、稍许、些微、有点儿
更加	More.txt	更加、尤甚、愈发、越来越、足足
超过	Over.txt	过分、过猛、何止、开外、溢
非常	Very.txt	不胜、分外、好不、颇为、尤其
极端	Extreme.txt	百分之百、不折不扣、极为、刻骨、逾常
否定	No.txt	不是、否认、莫、弗、勿、毋

基于词典的情感极性计算,可以有多种技术实现方案。如图10-5所示,这是其中一种实现方案的流程图,供读者参考。

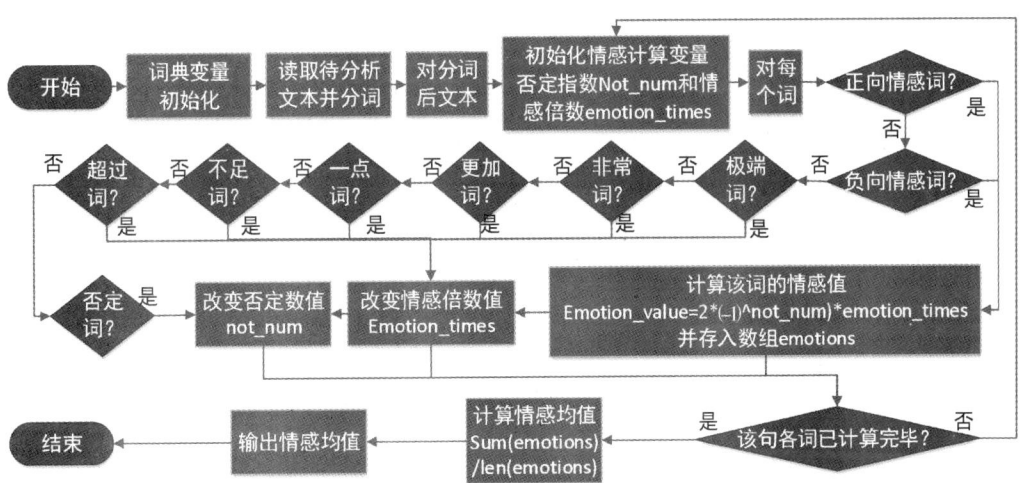

图10-5 基于词典的情感极性计算流程图

作为练习案例，本例只实现了图10-4中的部分步骤，仅包括中文分词、匹配词典并计算极性值。图10-5中，词典变量初始化工作主要是将各词典中所包含的词读入指定的列表（或称为数组）中，比如，对于正向情感和评价词，一起放入 positive_emotion 列表（或称为数组）中，用语句 d = open(" positive - emotion. txt"," r"，encoding = " utf - 8"，errors = " ignore") 打开正向情感文件（以 UTF - 8 编码格式读取文件，并忽略读取错误），并用下列语句块读取文件中的情感词并放入列表中，其余词典也进行类似的操作：

```
for line in d.readlines ():
    positive_emotion.append (line.strip ())
```

中文分词采用的是常用的结巴分词（jieba）模块，在代码中，对待处理文本中的每一段文本进行分词操作：aline = jieba. cut（line，cut_all = False），其中，line 是待处理文本中的一段话，aline 是分词后的结果。

每一段文本分词后，在对每个词匹配词典之前，需要初始化相关的情感计算变量，包括初始化情感值列表 emotions = [ ]，此列表用来存放当前一段话中匹配到的情感词对应的情感值，比如，当前一段话中共有10个词，其中匹配到5个情感词，那么 emotions 中将存放这5个情感词对应的情感值；变量 emotion_value 是用来计算某个词的情感值，当计算结束后，这个情感值将放入 emotions 列表中；否定指数 not_num 默认值为 0，表示正向（即不否定），如果当前词匹配到否定词典或负面情感/评价词典，not_num 将被更改为 1，这时表达否定并进入计算公式；变量 emotion_times 表达情感程度，默认值为1，当匹配到不同情感程度词典时，此变量将做相应的增加或减少，如极端 +2，非常 +1.4，更加 +1，一点 +0.4，超过 +1.2，不足 -0.2 等；每个匹配到的情感词，其情感值的计算公式非常简单：

$$\text{Emotion\_value} = 2 * ((-1)^{\text{not\_num}}) * \text{emotion\_times}$$

其中，以（-1）的 not_num 次方来确定当前词情感值的正负，正数对应正面情感，负数对应负面情感；以 emotion_times 的 2 倍为计算结果。最后，对于整一段文本中所有的情感值计算其算术平均值，从而得到这段文本的情感均值，比如 emotions = [2，4，-3.8，-2，6]，计算得到这段话的情感均值为 1.24：

$$\text{Sum(emotions)/len(emotions)} = [2 + 4 + (-3.8) + (-2) + 6]/5 = 1.24$$

纵观图10-5，其中使用了列表 list 等常规数据结构，常规的计算方法（乘、除、乘方），常规的编程结构（IF 和 FOR 循环），因此，在技术实现上，是比较简单的一个案例。下面以组图的方式展示部分主要代码如图10-6所示。

```python
#! /usr/bin/env python
# encoding: utf-8
import jieba

# part 1:情感词典录入
positive_emotion = []
negative_emotion = []
extreme = []
very = []
more = []
alittlebit = []
insufficiently = []
over = []
no = []
d = open("positive-emotion.txt","r",encoding="utf-8",err
d2 = open("positive_evaluate.txt","r",encoding="utf-8",e
n = open("negative-emotion.txt","r",encoding="utf-8",err
n22 = open("negative_evaluate.txt","r",encoding="utf-8",
e = open("extreme-6.txt","r",encoding="utf-8",errors="ig
v = open("very-5.txt","r",encoding="utf-8",errors="ignor
m = open("more-4.txt","r",encoding="utf-8",errors="ignor
a = open("alittlebit-3.txt","r",encoding="utf-8",errors=
i = open("insufficiently-2.txt","r",encoding="utf-8",err
o = open("over-1.txt","r",encoding="utf-8",errors="ignor
n2 = open("no.txt","r",encoding="utf-8",errors="ignore")
for line in d.readlines():
    positive_emotion.append(line.strip())
for line in d2.readlines():
    positive_emotion.append(line.strip())
for line in n.readlines():
    negative_emotion.append(line.strip())
for line in n22.readlines():
    negative_emotion.append(line.strip())
for line in e.readlines():
    extreme.append(line.strip())
for line in v.readlines():
    very.append(line.strip())
for line in m.readlines():
    more.append(line.strip())
for line in a.readlines():
    alittlebit.append(line.strip())
for line in i.readlines():
    insufficiently.append(line.strip())
for line in o.readlines():
    over.append(line.strip())
for line in n2.readlines():
    no.append(line.strip().encode('utf-8'))

#part2 句子情感的识别与分析
input = open("input.txt","r",encoding="utf-8",errors="ignore")
i=0
for line in input.readlines():
    print("第"+ str(i) +"条数据:------>>>>" +line)
    aline = jieba.cut(line, cut_all=False)
    emotions = []
    emotion_value = 0
    not_num = 0
    emotion_times = 1
    for word in aline:
        if word in positive_emotion:
            emotion_value = 2 * ((-1) ** not_num) * emotion_times
            emotions.append(emotion_value)
            not_num = 0
            emotion_times = 1
            # positive
        elif word in negative_emotion:
            not_num = not_num + 1
            emotion_value = 2 * ((-1) ** not_num) * emotion_times
            emotions.append(emotion_value)
            not_num = 0
            emotion_times = 1
            # negative
        elif word in extreme:
            emotion_times = emotion_times + 2
        elif word in very:
            emotion_times = emotion_times + 1.4
        elif word in more:
            emotion_times = emotion_times + 1
        elif word in alittlebit:
            emotion_times = emotion_times + 0.4
        elif word in insufficiently:
            emotion_times = emotion_times - 0.2
        elif word in over:
            emotion_times = emotion_times + 1.2
        elif word in no:
            not_num += 1
        elif word == "!":
            #print(emotions)
            if len(emotions) >0:
                if emotions[len(emotions)-1] > 0:
                    emotions[len(emotions)-1]+=1
                else:
                    emotions[len(emotions)-1]-=1
            else:  # 在叹号之前还没有检测到相应的情感词,没有情感
                emotions.append(0)
            emotion_times = emotion_times + 0.2
    print('情感均值: '+str(sum(emotions)/len(emotions)))
    print('情感方差: '+str(nm.cov(emotions)))
    print("-----------------------------------------")
    i=i+1
```

图 10-6 基于词典的情感极性计算代码示例

本例分析的文本是来自"有关中文情感挖掘的酒店评论语料"(此语料也应用在例 2 中)中的一小部分,在程序中,用变量 input 指示打开语料所在的文件。程序执行结果,如下列所示(部分),其中情感方差用来表示 emotions 中各个情感值之间的差异程度,情感方差越大,表示各词之间情感差异越大(如第 43 条数据),而情感方差越小,表示各情感词之间差异越小(如第 46 条数据):

第 42 条数据:------>>>>酒店太脏、太旧、太破!房间厕所都是下水道的臭味!地毯已经旧得看不清楚颜色了。电视机只有 6 个频道!我真是晕哦!前台服务员都是坐着看着报纸工作的,而且前台只有 1 个服务员。客房服务员不敲门就开门进来的,受不了哦!!

情感均值: -0.2800000000000001
情感方差: 10.792

第 43 条数据：------>>>> 真不像是一家四星级的酒店，评三星都觉得高，房间很小并且很旧，到处都觉得乱糟糟的，一楼大堂很吵。

情感均值：-0.7

情感方差：11.026666666666666

第 44 条数据：------>>>> 我住的是大床间，房子不算干净，卫生间比较简陋，早餐品种太少，饭店上菜太慢，卫生也是问题，不停有苍蝇转来转去。下次不会再住了。

情感均值：1.8

情感方差：4.72

第 45 条数据：------>>>> 6月在云南经贸宾馆住了两天豪华房，是淡季。用了酒店接机服务和早餐。接机的小姐非常热心地介绍了昆明和宾馆周围环境。早餐很丰富，房间很干净，服务很好，离市中心很近。

情感均值：3.771428571428572

情感方差：5.53904761904 76186

第 46 条数据：------>>>> 房间是今年新装的，很不错。服务好，有接送服务，接送人员很热情，给客人感觉不错。结账时提出改水单，每次都说系统不支持，但每次最后都是改过来了，这点不太满意，希望服务员在说"NO"之前先考虑一下，设法为客人解决问题。订票服务不知道是否归酒店管，感觉服务跟酒店整体水平有一定差距。

情感均值：1.8285714285714287

情感方差：3.636043956043956

第 47 条数据：------>>>> 感觉还不错，住的大床房，房间小了点，不过比较经济实惠的。床是榻榻米型的，可惜席梦思可能不是很好，睡得人第二天起来腰酸酸的。送两瓶水，还有些小东西也不错的。在海宁的中心地段，还挺方便的。

情感均值：2.8400000000000003

情感方差：4.495999999999999

可以有多种方式实现基于词典的情感极性计算，本例仅供参考，期待读者们提出更多不同的解决方案并动手实现。

10.2.2　基于第三方服务的情感分析（例2）

在强劲的市场需求推动下，自然语言处理技术在逐步完善过程中，其中，有些技术已经能够达到一定的商业应用要求，因此，有不少研究机构或市场主体向研究者、学习者以及商业用户提供开放的 NLP 服务，比如，在中文自然语言处理领域，国内三大互联网巨头"BAT"（百度 Baidu、阿里 Ali、腾讯 Tencent）都有提供 NLP 服务，其他比较知名的服务商包括科大讯飞、哈工大语言云以及玻森。在工作和学习中，如果恰当使用这些服务商提供的服务，将极大提高相关工作效率。本节以调用玻森和百度的自然语言处理接口为例，说明如何获得相关服务从而快速完成相应的情感分析工作。

（1）理解服务接口。

使用服务商的服务，必须要理解对方所提供的数据接口。

一般来说，服务商通过 Web 服务来提供服务，一般又分为 HTTP 直接调用和使用对应语言 SDK。由于服务商将相关调用内容打包放在 SDK 中，因而，在服务商已经提供了 SDK 的情况下，尽量使用 SDK。通过 SDK 调用服务，不同的服务商要求提供的数据略有差异，但不外乎这么几种。

①APP_ID——调用接口的应用程序的标识号，即让服务商知道是哪个程序在调用（特别是多个程序调用时）。

②API_KEY——程序需要调用的接口的标识号，即让服务商知道我们申请的是哪个服务。

③SECRET_KEY——网络传输数据加密的密钥。

④TEXT——需要处理的数据。

在实际中，根据服务商要求提供相应的接口数据，就可以获得对应的处理结果。

（2）调用接口例1。

本例展示调用玻森服务。首先访问玻森的主页（https：//bosonnlp.com/），免费注册一个账户，在注册完成并登录后，将在控制台页面底部显示刚注册账户的 API_KEY（API 密钥），妥善记录该值，如图 10 - 7 所示。

图 10-7　注册账户并获取 API 密钥

由图 10-7 可见，玻森提供了多种 NLP 访问，且每一种服务均有一定的免费额度，作为学习者，这些额度已经足够使用。

其次，根据玻森的开发文档指示，需要安装玻森的 Python SDK——可以通过 pip 直接安装：

```
Pip install bosonnlp
```

然后就可以直接调用玻森的 NLP 服务来分析文本的情感值，比如：

```
>>> from bosonnlp import BosonNLP
>>> nlp = BosonNLP ('YOUR_API_TOKEN')   #括号内输入自己的 API_KEY
>>> nlp.sentiment ('这家味道还不错')
[[0.8758192096636473, 0.12418079033635264]]
```

如果要对文件中的文本进行情感分析，例如，要对例 1 中文件中的文本进行情感分析，那么可以循环读取文件并提交给玻森进行处理，一个可能的实现代码如下：

```
from bosonnlp import BosonNLP
nlp = BosonNLP('YOUR_API_KEY')
print ('从文件中读取文本,并计算其情感值')
with open('input.txt','r',encoding = 'utf-8',errors = 'ignore') as f:
    for line in f.readlines():
        print(line)
        print(nlp.sentiment (line))
        print('-----------------------')
print("文本情感分析结束!")
```

计算结果（部分）：

酒店太脏、太旧、太破！房间厕所都是下水道的臭味！地毯已经旧得看不清楚颜色了。电视机只有6个频道！我真是晕哦！前台服务员都是坐着看着报纸工作的，而且前台只有1个服务员。客房服务员不敲门就开门进来的，受不了哦！！

[[0.021105040684196164, 0.9788949593158038]]

真不像是一家四星级的酒店，评三星都觉得高，房间很小并且很旧，到处都觉得乱糟糟的，一楼大堂很吵。

[[0.09084964933100992, 0.9091503506689901]]

我住的是大床间，房子不算干净，卫生间比较简陋，早餐品种太少，饭店上菜太慢，卫生也是问题，不停有苍蝇转来转去。下次不会再住了。

[[0.007097965344595059, 0.9929020346554049]]

6月在云南经贸宾馆住了两天豪华房，是淡季。用了酒店接机服务和早餐。接机的小姐非常热心地介绍了昆明和宾馆周围环境。早餐很丰富，房间很干净，服务很好，离市中心很近。

[[0.8997510320248246, 0.10024896797517532]]

房间是今年新装的，很不错。服务好，有接送服务，接送人员很热情，给客人感觉不错。结账时提出改水单，每次都说系统不支持，但每次最后都是改过来了，这点不太满意，希望服务员在说"NO"之前先考虑一下，设法为客人解决问题。订票服务不知道是否归酒店管，感觉服务跟酒店整体水平有一定差距。
[[0.13790360945137503, 0.862096390548625]]

感觉还不错，住的大床房，房间小了点，不过比较经济实惠的。床是榻榻米型的，可惜席梦思可能不是很好，睡得人第二天起来腰酸酸的。送两瓶水，还有些小东西也不错的。在海宁的中心地段，还挺方便的。

[[0.005030879731669602, 0.9949691202683304]]

另外，也可以将多个文本放入一个列表中，再提交给玻森；玻森将返回一个列表，里边包含各个文本对应的情感计算值，例如：

```
>>> import os
>>> nlp = BosonNLP(os.environ['BOSON_API_TOKEN'])
>>> nlp.sentiment('这家味道还不错', model = 'food')
[0.9991737012037423, 0.0008262987962577828]
>>> nlp.sentiment(['这家味道还不错', '菜品太少了而且还不新鲜'], model = 'food')
[[0.9991737012037423, 0.0008262987962577828],
[9.940036427291687e-08, 0.9999999005996357]]
```

上例最后两行实际上是一个列表中的两个元素（截断一位小数后）[[0.9, 0.0]，[9.9, 0.9]]，这个结果对应于列表——['这家味道还不错'，'菜品太少了而且还不新鲜']——中两个字符串元素。

而如果要将文件中的多个文本组合成列表，再作为参数提交给玻森，从而获得相应的情感分析结果，就由读者们自己讨论并实现吧。

（3）调用接口例2。

本例展示调用百度 NLP 接口。首先请注册一个百度智能云的账号，由于百度产品众多，不同入口注册获得的服务有所不同，可以从这个入口（百度智能云文档）进入：https://cloud.baidu.com/doc/NLP/s/9jwvylnl4。在注册过程中，行业分类可选择教育—学术/科研，如图 10-8 所示。

第 10 章 文本情感分析

图 10-8 注册账户

注册完成并登录后,在百度产品矩阵(左上角)"产品服务"的"人工智能"板块中点击"自然语言处理",创建一个新的应用,如图 10-9 所示。

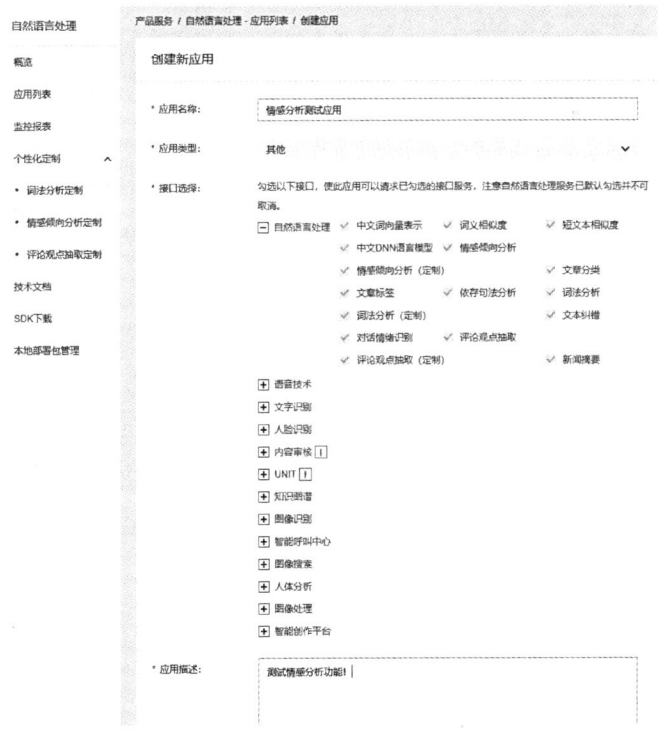

图 10-9 创建应用

应用创建完成后,将看到此应用对应的 APPID、API_KEY 和 Secret_KEY,请妥善记录这三个值。如图 10-10 所示。

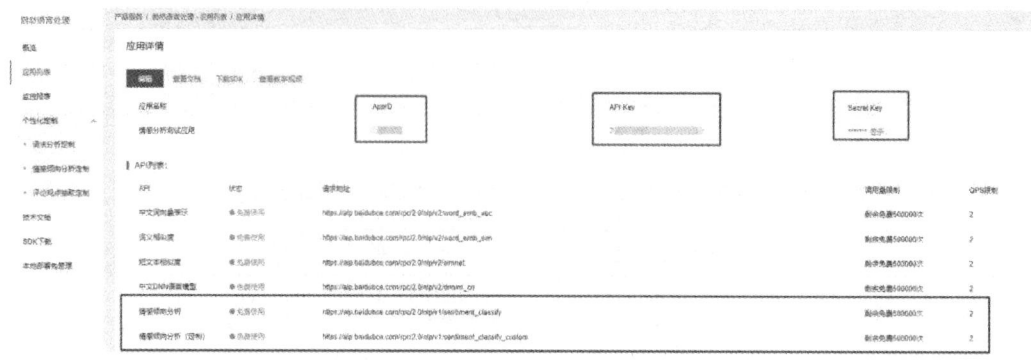

图 10-10 应用创建完成后获得接口调用数据

根据百度智能云文档,调用百度 NLP 同样需要通过 PIP 安装 Python SDK:

```
Pip install baidu-aip
```

然后就可以进行相应的调用处理了。

```
from aip import AipNlp
#你的接口调用参数
APP_ID = '你的 App ID'
API_KEY = '你的 Api Key'
SECRET_KEY = '你的 Secret Key'
client = AipNlp(APP_ID, API_KEY, SECRET_KEY)
text =" 苹果是一家伟大的公司"
#调用情感倾向分析
client.sentimentClassify(text);
```

对于情感分析的内容,百度 AIP 定义必须是一个 GBK 编码,且最大不超过 2 048 字节的字符串(string),因此,不能像接口例 1 一样像向度 AIP 提供一个列表。

百度 AIP 将返回一个词典数据,如上例中调用,将返回:

```
{
    "text":" 苹果是一家伟大的公司",
    "items": [
        {
            "sentiment": 2, //表示情感极性分类结果
            "confidence": 0.40, //表示分类的置信度
            "positive_prob": 0.73, //表示属于积极类别的概率
            "negative_prob": 0.27 //表示属于消极类别的概率
        }
    ]
}
```

上面的返回值，其参数意义见表 10-6。

表 10-6 百度 AIP 调用返回值意义

参数	是否必须	类型	说明
text	是	string	输入的文本内容
items	是	array	输入的词列表
+ sentiment	是	number	表示情感极性分类结果，0：负向，1：中性，2：正向
+ confidence	是	number	表示分类的置信度
+ positive_prob	是	number	表示属于积极类别的概率
+ negative_prob	是	number	表示属于消极类别的概率

要实现例 1 文件中各文本的情感分析，可参考例 1 中的案例，循环获取文件中的文本，并提交给百度 AIP，即可获得对应的情感分析值。读者们可自行实现。

思考与练习

（1）简述文本情感分类模型。

（2）编制程序，基于词典对电影评论数据进行情感极性分析。

（3）编制程序，借助 Boson NLP 或其他平台对电影评论数据进行情感极性分析。

情感分析所需资源
用微信"扫一扫"获取

第 11 章 机器翻译应用

11.1 机器翻译

机器翻译是利用计算机将一种自然语言（源语言）转换为另一种自然语言（目标语言）的过程。它是计算语言学的一个分支，是人工智能的终极目标之一，具有重要的科学研究价值。不同语言的语序不一样，再考虑到文化、政治、宗教等诸多因素，以及语言翻译本身就有的一词多义、理解上的歧义等障碍，机器翻译实际难度超过了我们的想象！正因为难度很大，它被列为 21 世纪世界十大科技难题之首。同时，机器翻译又具有重要的实用价值。随着经济全球化及互联网的飞速发展，机器翻译技术在促进政治、经济、文化交流等方面起到越来越重要的作用。

1949 年，《翻译备忘录》一文，正式提出机器翻译的思想。随后几十年，机器翻译经历了低潮、复苏和繁荣阶段，到目前深度学术技术在翻译上广泛应用极大地推进了机器翻译的进展。2016 年，Google 公司发布"谷歌神经机器翻译系统"（Google Neural Machine Translation，GNMT），系统在某些条件下足以突显其优势，这是一个了不起的突破。图 11 – 1 是 GNMT 的翻译测评结果，表 11 – 1 是它与人工翻译的比较示例。

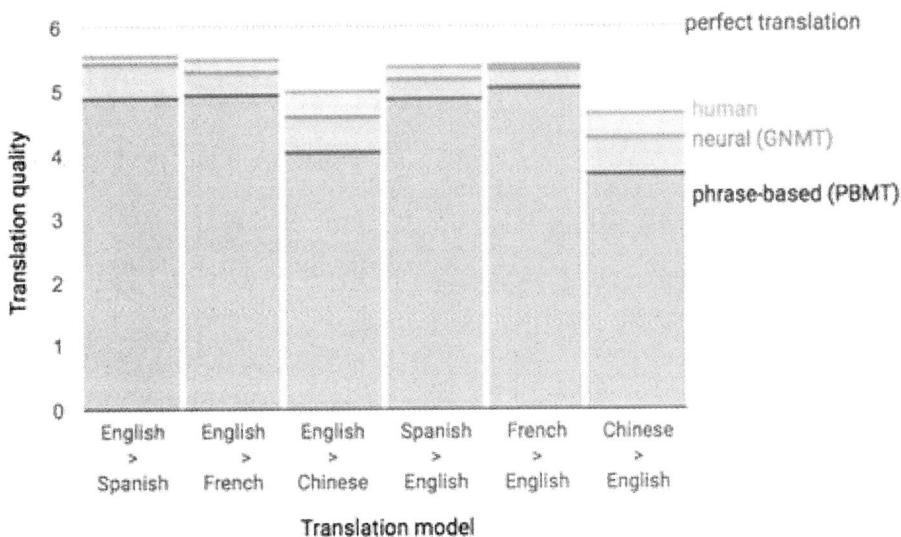

图 11-1 GNMT 的翻译测评结果

表 11-1 GNMT 与人工翻译的比较

原文	PBMT 的翻译	GNMT 的翻译	专业人员的翻译
李克强此行将启动中加总理年度对话机制，与加拿大总理杜鲁多举行两国总理首次年度对话	Li Keqiang premier added this line to start the annual dialogue mechanism with the Canadian Prime Minister Trudeau two prime ministers held its first annual session.	Li Keqiang will start the annual dialogue mechanism with Prime Minister Trudeau of Canada and dialogue between the two premiers.	Li Keqiang will initiate the annual dialogue mechanism between premiers of China and Canada during this visit, and hold the first annual dialogue with Premier Trudeau of Canada.

目前机器翻译技术过度依赖于算法模型和语料库。有专家认为要提高机译的质量，首先要解决的是语言本身问题而不是程序设计问题；单靠若干程序来做机译系统，肯定是无法提高机译质量的。在人类尚未明了"人脑是如何进行语言的模糊识别和逻辑判断"的情况下，机译要想达到"信、达、雅"的程度是不可能的。这也是制约机译质量提高的一大瓶颈。

例如，句子"The box is in the pen."，目前主流的机器翻译模型翻译的结果均为："盒子在笔里"。"pen"是多义词，很明显，"pen"在这里应该翻译为（牛、羊、猪等的）圈，栏。显然目前机器不理解"圈比盒子大，盒子比笔大"这层逻辑关系。

11.2 基于百度翻译 API 的机器翻译应用

百度翻译支持 28 种语言实时互译,覆盖中、英、日、韩、西、法、泰、阿、俄、葡、德、意、荷、芬、丹等;同时支持 28 种语言的语言检测。通用翻译 API 的申请网址为 http://fanyi-api.baidu.com/api/trans/product/prodinfo。用户注册后可获得用户 APP ID 和密钥,在"开发者信息"栏目中查询。

```
# -*- coding: utf-8 -*-
from http.client import HTTPConnection
import hashlib
import urllib
import random
import json

#定义函数
def baidu_translate (context, fromLang = 'en', toLang = 'zh'):
#context 是要翻译的文本,默认是英文翻译为中文
    appid = 'APP ID'      #引号内填写用户 APP ID
    secretKey = 'User Key'    #引号内填写用户密钥

    httpClient = None
    myurl = '/api/trans/vip/translate'
    q = context    #要翻译的文本
    salt = random.randint(32768, 65536)    #随机数
    sign = appid + q + str(salt) + secretKey
    # m1 = md5.new()
    m1 = hashlib.md5()
    m1.update(sign.encode())
    sign = m1.hexdigest()
    myurl = myurl + '?appid = ' + appid + '&q = ' + urllib.parse.quote
(q) + '&from = ' + fromLang + '&to = ' + toLang + '&salt = ' + str(salt) +
'&sign = ' + sign
    #try 是捕捉异常信息
    try:
```

```
            httpClient = HTTPConnection('api.fanyi.baidu.com')
            httpClient.request('GET', myurl)

            #response 是 HTTPResponse 对象
            response = httpClient.getresponse()
            get_tr_text = str(response.read(), encoding = "utf-8")
            tr_result = json.loads(get_tr_text)
            return tr_result
        except Exception as e:
            return e
        finally:
            if httpClient:
                httpClient.close()

s = input("Please input text for translation:")   #输入要翻译的文本
print(baidu_translate(s))        #英译汉
print(baidu_translate(s, 'en', 'jp'))     #英译日
```

思考与练习

(1) 简述机器翻译的发展历程。

(2) 编制程序,调用百度翻译 API,将电影评论数据翻译为英文。

第 12 章
Web Scraper 数据爬取

在大数据时代,网页内容爬取是一个重要的数据获取来源。专业的数据爬取需要一定的编程基础,不过也有一些工具软件无需编程就可以帮助我们爬取数据。比较常用的工具软件有 Import.io、Parsehub、八爪鱼采集器、Web Scraper 等。本章将介绍基于 Google Chrome 浏览器的 Web Scraper 插件。Web Scraper 就是这样一款不需要写任何的代码,就能通过该插件来建立页面数据提取规则,从而快速对网页中需要的内容进行提取,最后还能把抓取的结果导出为 Excel 可以识别的 CSV 格式。

12.1 Web Scraper 插件安装

Web Scraper 是 Google Chrome 浏览器的一个功能插件,要用它首先要安装 Chrome 浏览器。另外,QQ 浏览器是与 Google Chrome 浏览器的内核是相同的,所以也可以使用 Web Scraper 插件,使用方法略有不同,本书不作介绍。

直接从 Chrome 浏览器的应用商店搜索安装是最直接的方法,但由于 Chrome 应用商店功能在一些国家和地区受到限制,在此介绍另一种安装方法,即在 Chrome 浏览器本地安装扩展程序。下面是安装步骤。

(1) 下载 Web Scraper 的插件包,下载网址:https://share.weiyun.com/5dmLtGm。注意这时候插件不是直接安装到浏览器上的,而是下载保存在用户的电脑中。下载的插件文件是:web scrape.zip,还要将它解压到文件夹。如果下载的插件文件是 web scrape.crx,还要先将".crx"文件的后缀名修改为".zip",并解压到文件夹中。

（2）进入 Chrome 的管理后台。在浏览器的网址输入框里输入 chrome：//extensions/，这样我们就可以打开浏览器的插件管理后台。

（3）安装。进入管理后台后，如图 12 - 1 所示，点击右上角的"开发者模式"，就会看到"加载已解压的扩展程序"的选项，点击加载第一步解压的那个文件夹即可安装。

图 12 - 1　chrome 管理后台界面

（4）打开。按一下键盘的 F12 键，进入 Chrome 的开发者工具。在浏览器的右上角点击"customize and control DevTools"按钮，如图 12 - 2 所示，把开发者工具设置为底端显示。然后在工具的最后一列便可看到"Web Scraper"。

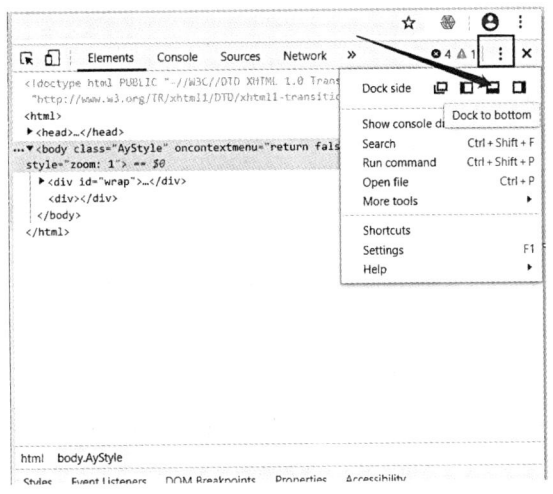

图 12 - 2　设置开发者工具为底端显示

12.2　爬取单个元素

要用 Web Scraper 爬取数据，首先要创建一个 sitemap，一个 sitemap 即一个爬虫，是为爬取目标数据设定的一套规则。本节将以一个最简单的爬取单个元素的案例开始介绍数据爬取。

（1）创建 sitemap。

首先在 Chrome 浏览器中打开要爬取数据的网站，我们以哔哩哔哩网为例，打开该网站（www.bilibili.com），进入任意一个栏目，我们打开进入了"科技"栏目的"趣味科普人文"子栏目。按 F12 进入开发者工具，点开其中的"Web Scraper"，点击"Create new sitemap"下拉菜单的"Create Sitemap"。

Sitemap name 框中输入 sitemap 的名称，可自己定义名称。在 Start URL 框中输入要爬取数据的网址，将浏览器当前打开的网址复制进去便可，如图 12-3 所示。点击下方的 Create Sitemap 按钮，sitemap 就创建好了。

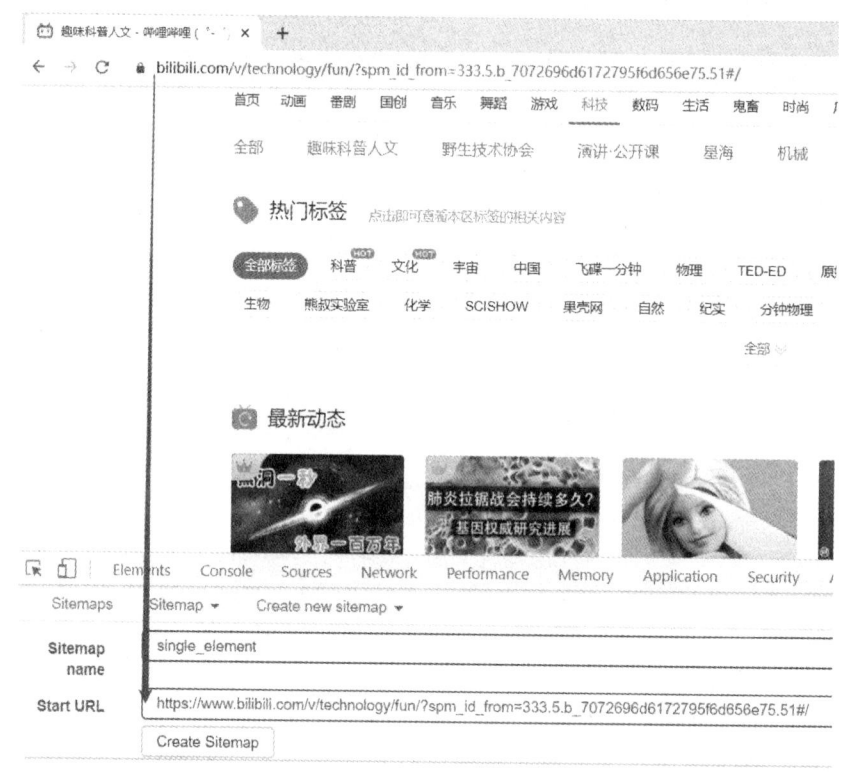

图 12-3　创建一个 sitemap

（2）添加元素。

创建 sitemap 后，我们看到"Add new selector"的按钮，单击后出现添加元素的界面，设置好要爬取的页面上的那个元素的信息。

Id：元素的名称，自己给这一元素取个名称。

Type：元素的类型，如文本（text）型、链接（Links）等。

Selector：帮助我们选择元素。"select"按钮可以开始选择，"Element preview"可

以在页面上高亮度的显示我们已经选中的元素。"Data preview"按钮可以弹出一个小窗口预览已选中的元素数据。"Multiple"选项表示是否需要多条数据。

Regex：正则表达式。

Parent Selectors：父类的元素。元素是有父类子类级别的，最高级别是 root。

【例12-1】爬取哔哩哔哩网"科技"栏目的"趣味科普人文"子栏目首页的视频的标题。

设置好 Id，我们给它命名为"title"，Type 为"Text"。如图12-4所示，选中元素的步骤为：

步骤1：点击"Select"。

步骤2：点击页面中的标题。

步骤3：点击另一个标题，这样 Web Scraper 就会识别出页面中的所有标题，且会选中它们。

步骤4：点击"Done selecting!"，完成选择。

步骤5：勾选"Multiple"，因为我们的标题是多项的。

步骤6：单击"Save selector"保存。

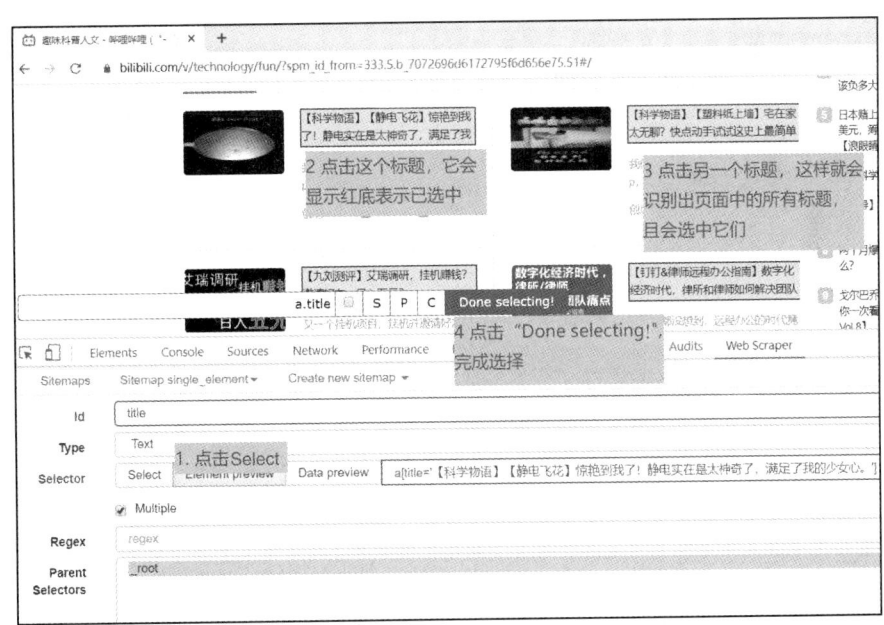

图12-4　选择页面的元素

我们完成了元素的选择，接下来开始爬取了。点击"Sitemap single_element"① 菜

---

① Sitemap single_element 菜单的 single_element 是前面我们创建的 sitemap 的名称。

单的"Scrape",接下来会出现"request interal(ms)"和"page load delay(ms)",即是请求间隔和页面翻页延迟,默认2000 ms,我们采用默认值就可以。点击"Strart scraping",这时"Chrome"浏览器会弹出一个窗口爬取数据了,由于数据量小,只有一页,所以一闪就下载完成。等待数据抓取完毕,点击页面"refresh",数据就呈现出来,如图12-5所示。

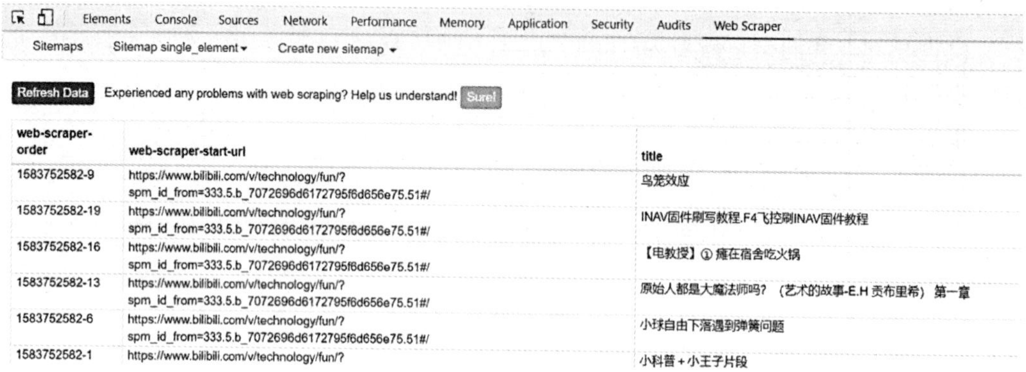

图12-5 例12-1数据爬取的结果显示

此外还可以进一步导出数据,点击"Sitemap single_element"菜单的"Export data as CSV",然后点击"download now!",数据就被我们下载下来了。

12.3 结构体选择器 Elements

在例12-1中,我们成功地爬取了第一份数据。我们试试提高点难度,爬取的数据除了哔哩哔哩网页上的视频标题外,还需要爬取视频的作者(即上传视频的用户)。我们在上例完成,即选中元素"标题"后,再添加元素。点击"Add new selector",ID为"author",Type为"text"。我们重复上例中的6个步骤,不过这次选中的是视频的上传用户,而不是标题。

点击"_root"(图12-6中左侧),可以看到已有两个元素。元素ID到右侧可以对元素进行修改或删除等操作。

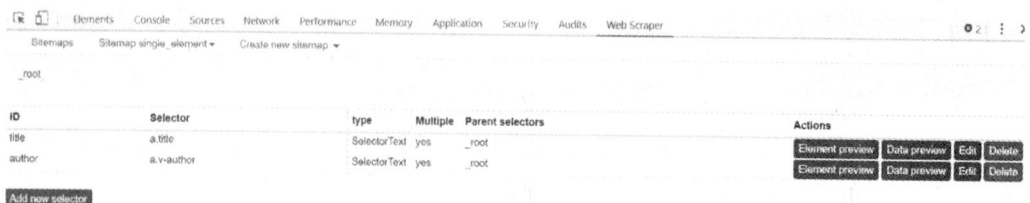

图12-6 元素列表图

点击"Sitemap single_element"菜单的"Scrape"开始爬取,最后点击"Export data as CSV"导出数据,如图 12-7 所示。

web-scraper-orde	title	author
1583756610-37	309宿舍我感觉这恐成为310	
1583756610-32	闪闪爱心	
1583756610-23	1972年阿波罗16号宇航员在月球飙车的真实画面!	
1583756610-25	【蟾蜍与黑魔法】	
1583756610-50		You点皮
1583756610-39	关爱女性健康之为什么会出现手脚冰凉的情况,该如何调理?	
1583756610-38	必看!信用卡被盗刷了该怎么办?	
1583756610-31	妇女节周末作业答疑	
1583756610-57		月下星辰2333
1583756610-45		abstract042
1583756610-55		阿Q说
1583756610-44		新主播歪歪
1583756610-47		Cybathlon半机械人
1583756610-21	车马慢时代的温情故事-爱情篇(一)	
1583756610-35	手机SOC系列-《联fuck处理器的工作原理》	
1583756610-40	黑洞奇点体积近乎于0,物质量却能超太阳百亿倍,它是何种状态	
1583756610-46		顾多于dy
1583756610-56		三好校长
1583756610-53		白菌菇
1583756610-58		财才妹
1583756610-24	这些家长这么嚣张,居然抵制网络游戏	
……	……	

图 12-7 导出的部分数据截图

从结果中我们看到,同一视频的"标题"和"作者"并没有在同一行,而是 Web Scraper 把它们当作独立的对象爬取下来。如果要把它们当成整体,就要用到结构体 Element。Element 就像是一个容器,把一个相应的"标题"和"作者",或者其他相关的元素包含进来打包成一个结构体元素。下面通过例题介绍它的用法。

【例 12-2】爬取哔哩哔哩网"科技"栏目的"趣味科普人文"子栏目首页的视频的标题和作者。

我们点击"Creat new sitemap"创建新的 sitemap,命名为"mul_element"。接下来分 2 个环节来介绍元素的选择。

(1)创建结构体 Element 元素。

在创建任何元素之前,先创建结构体 Element 元素。点击"Add new selector",设置好 Id,我们给它命名为"box",Type 为"Element"。如图 12-8 所示,选中元素的步骤如下:

选中元素的步骤为:

步骤 1:点击"select"。

步骤 2:我们看到每个视频都有规律地排列在页面上,每个视频在页面上的位置空间都包含标题、作者、点击量、缩略图等。点击视频"空间"的任一内容,例如标题,再按键盘的"p"键,进行扩选,我们再把包含标题、作者、点击量等内容框选进来。在这里解释一下,"p"代表 parents,表示内容的上一级,如果选中内容多出了原定的目标,可以按"c"键进行降级,"c"即 child 之意。

步骤 3：点击另一个视频的标题，这样 Web Scraper 就会识别出页面中其他视频相应的内容，且会选中它们。特别强调一下，上一步骤中，首先点击的是"标题"，那么这一步骤也要点击"标题"，点击其他（如"作者"）是无效的。即两个步骤点中的内容要一致。

步骤 4：点击"Done selecting!"，完成选择。

步骤 5：勾选"Multiple"，因为我们的这些视频的结构体 Element 是多项的。Parent selector 为"_root"。

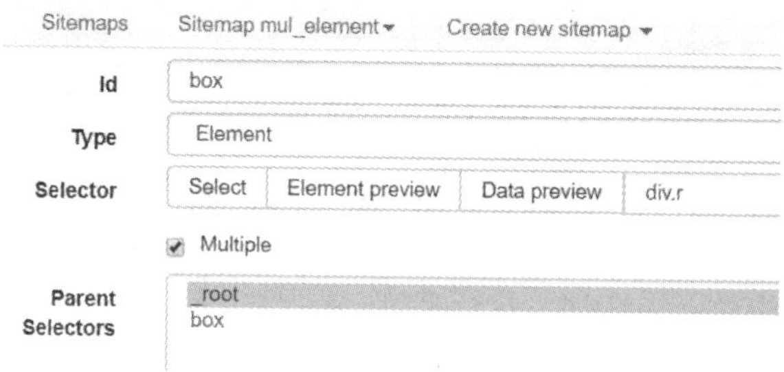

图 12-8　结构体 Element 设置图

（2）创建子元素。

本例要爬取标题和作者，这两个元素都是放在前面创建的 Element 元素"box"里的。我们先来创建标题元素，跟之前的做法一样，点击"Add new selector"。Id 命名为"title"，Type 为"Text"，选中页面中的标题，再选另一个标题，点击"Done selecting!"，完成选择。

接下来两个设置很关键。一是不要勾选"Multiple"，因为一个结构体中只有一个标题。二是 Parent selector 为"box"，在这里要明确表示标题是隶属于"box"结构体的，如图 12-9 所示。

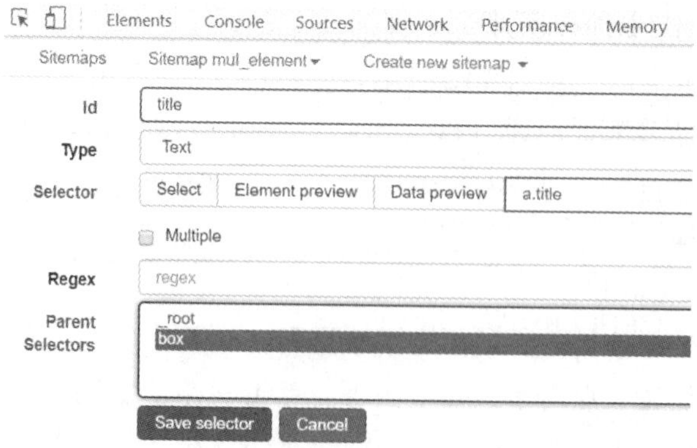

图 12-9　子元素的选择设置

以同样的方法创建子元素 author。

创建好 Element 元素和子元素后，点击"Sitemap mul_element"菜单的"Selector graph"，如图 12-10 所示，点击实心的圆点，可以展开显示层级关系。最后可以看到这些元素的层级关系。

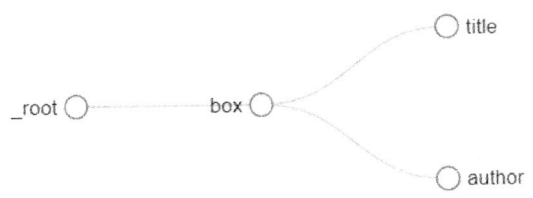

图 12-10　元素的层级关系图

数据爬取的结果如图 12-11 所示，可以看到，相应的标题和作者出现在同一行。

title	author
汉武帝为什么75次来这个地方?元宵节居然起源于这个地方。	从咸阳出发
水下一万米到底有什么呢？（结尾有惊喜）	西瓜君霸霸
老祖宗告诉我们，学会对不同的人，采取不同销售策略。	顶级商战思维
【欧空局搬运】在空间站锻炼是什么体验？【谢邀】exercise in space	-LEARNING-
都市怪谈，起源于印第安部落的神秘生物，温迪戈	零时一分怪谈录
战斗名族的公路你可能会遇到什么了解一下	至尊水熊虫
【硬核】明星入驻，B站要没内味儿了吗？	Pan总没烦恼
如果没有二战，世界上有多少超级大国？美智库：至少4个以上	营销号gogogo
什么是编程	24岁程序员想打职业
我在豪宅里学习丨理解艺术背后的伟大民族	烩设计-新视野
教科版科学二年级下发现生长	梅咲斯特
海有多深-老高与小茉 KUAIZERO	卜一视觉
太作死了！居然敢这样挑逗鳄鱼？活得不耐烦了吗？！@油兔不二字幕组	油兔不二字幕组
【专业的秘密】哈工程水声工程专业「2018版」	哈尔滨工程大学
【厚大法考/罗翔】不求同年同月同日生，但求同年同月同日死	张三的传奇一生
这就是你的积分路线吗？	泰勒之猫
横跨欧亚两洲的土耳其，地理位置怎么样？	笑喷全世界
【药药！切壳闹】Vol.1|这是一份瑞德西韦的全面说明书，请查收	药药-切壳闹
这也太神奇了！结晶自己生长！教你怎么制作蓝色结晶！	无聊的Mark呀
世界屋脊之青海湖，一分钟带你去了解	地理环球号

图 12-11　基于结构体 Element 的多元素数据爬取的结果

12.4　链接数据的爬取

上面我们讲到同一页面的多条数据的爬取，如果页面数据链接后面的数据，我们也需要爬取，例如，在哔哩哔哩网站的栏目页面中可以看到视频的标题、作者、点击量等信息，但是如果要看视频的上传时间、评论等信息，需要点开链接才能看到。本节将介绍如何爬取链接背后的数据。

【例12-3】爬取哔哩哔哩网"科技"栏目的"趣味科普人文"子栏目首页的视频的标题和作者,以及链接背后的上传时间。

(1) Sitemap 的导出和导入。

设置 Sitemap 往往增加一定的工作量,为了提高效率,实现 sitemap 的重复利用,Web Scraper 支持 sitemap 导出保存和导入。单击"Sitemaps",商品会显示之前创建好的 sitemaps,如图 12-12 所示,正是我们之前例 12-1 和例 12-2 完成的 single_element 和 mul_element。

ID	Start URL
mul_element	https://www.bilibili.com/v/technology/fun/?spm_id_from=333.5.b_7072696d6172795f6d656e75.51#/ ...
single_element	https://www.bilibili.com/v/technology/fun/?spm_id_from=333.5.b_7072696d6172795f6d656e75.51#/ ...

图 12-12　Sitemaps 列表

由于本例可以在例 12-2 的基础上进一步操作,所以可以复用 mul_element 这个 sitemap。操作步骤如下。

点击"mul_element",进入这个 sitemap。

点击"Sitemap mul_element"菜单的"Export Sitemap"。

接下来我们可以看到一串代码符号,把它复制下来就可以了(也可以保存在文本文件中,甚至在线上分享)。

点击"Creat new sitemap"菜单的"Import sitemap"。

在"Sitemap JSON"框中粘贴刚才复制的代码。"Rename Sitemap"框中填写新的 sitemap 名称。本例起名为"link_element"。完成导入。

(2) 创建链接元素。

完成导入,接下来完成本例中后面 link 元素的创建。步骤如下。

点击"Add new selector",Id 为"Links",Type 为"Link"。

点击"select",单击页面视频的标题(标题即是链接的载体),再单击另一个标题,使得页面中全部的链接都选中,点击"Done selecting!"。

接下来不要勾选 Multiple,原因和标题、作者一样,在同一个结构体中这些元素只有一个。

Parent selector 为"box",在这里链接和标题、作者一样,是隶属于"box"结构体的,如图 12-13 所示。

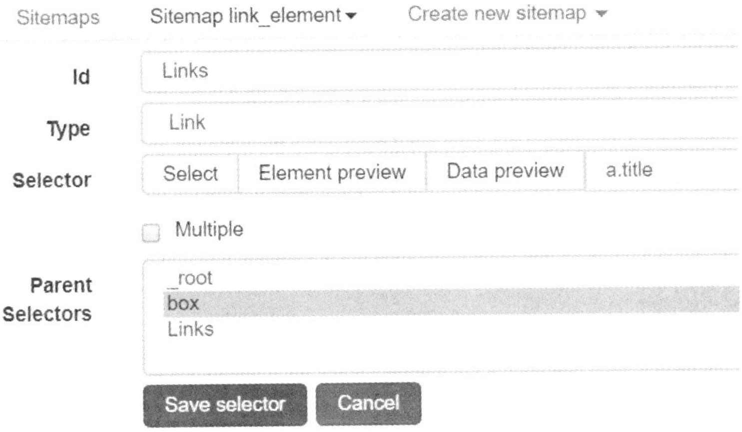

图 12 – 13 Link 元素的设置

（3）创建链接背后的元素。

接下来是创建链接背后的元素。步骤如下。

点击打开页面中的一个视频链接，浏览器会在新的网页呈现链接背后的页面。注意，接下来很重要，也是对初学者来说很容易出错的地方。把新的页面的网址复制下来，回到原来正在创建 sitemap 的页面，在浏览器的网址框粘贴，按回车键使当前页面变成刚才点击链接后进入的页面，如图 12 – 14 所示。

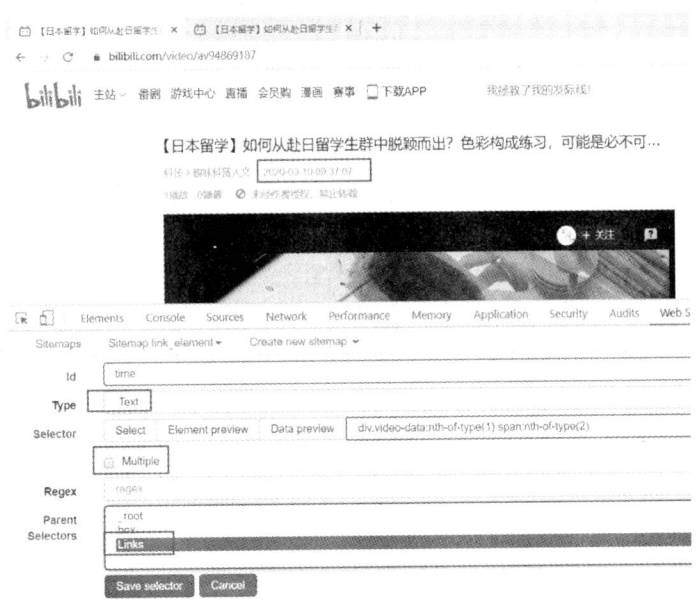

图 12 – 14 设置当前页面为打开链接后的页面

点击"Add new selector",Id 为"time",Type 为"text"。

点击"Select",单击页面视频的时间。由于页面只有一项时间,因此不需要再次单击另一个时间了,直接点击"Done selecting!",完成选择。

接下来不要勾选 Multiple,这个元素只有一个。

Parent selector 为"Links",这是链接背后的元素,也是隶属于 Links 的,如图 12-15 所示。

链接背后的数据爬取结果如图 12-16 所示。

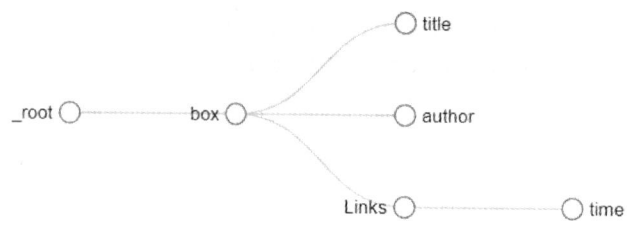

图 12-15　元素层级结构图

-scraper-c	scraper-sta	title	author	Links	Links-href	time
15838099€	https://ww	公路水运	王不二的	公路水运	https://wv	2020/3/10 11:05
15838099£	https://ww	公路水运	王不二的	公路水运	https://wv	2020/3/10 11:03
15838099€	https://ww	直播式碳	从零学电	直播式碳	https://wv	2020/3/10 11:05
15838099£	https://ww	世界上的	勇士参孙	世界上的	https://wv	2020/3/10 11:03
15838099∠	https://ww	【另类】	Q-LIMES	【另类】	https://wv	2020/3/10 11:00
15838099∠	https://ww	【营销策	顶级商战	营销策	https://wv	2020/3/10 10:59
15838099£	https://ww	【颠覆你	天凉好个	颠覆你	https://wv	2020/3/10 11:05
15838099	https://ww	【Kur科普	YouTube4	【Kur科普	https://wv	2020/3/10 11:06
15838099€	https://ww	矿井通风	mistherain	矿井通风	https://wv	2020/3/10 11:02
15838099∠	https://ww	一穷二白	为什么要	一穷二白	https://wv	2020/3/10 11:00
15838099€	https://ww	【霓虹国	油兔小可	【霓虹国	https://wv	2020/3/10 11:06
15838099€	https://ww	色环电阻	从零学电	色环电阻	https://wv	2020/3/10 11:06
15838099	https://ww	初中就会	佚名蜉蝣	初中就会	https://wv	2020/3/10 11:06

图 12-16　链接背后的数据爬取结果

12.5　大批量页面的数据爬取

如果网站中存在大量的资源,而一个页面无法完全显示,往往会分成多页。如何批量地爬取这些多页的数据,本节将讨论这个问题。

【例 12-4】爬取哔哩哔哩网"科技"栏目的"趣味科普人文"子栏目首页的视频的标题和作者,以及链接背后的上传时间,需要爬取前 50 页的全部数据。

(1) 认识栏目页面网址的规律。

首先,我们打开栏目的页面时,网址如下:

https://www.bilibili.com/v/technology/fun/?spm_id_from=333.5.b_7072696d61 72795f6d656e75.51#/

我们再点开第2页。

https://www.bilibili.com/v/technology/fun/?spm_id_from=333.5.b_7072696d61 72795f6d656e75.51#/all/default/0/2/

点开第3页。

https://www.bilibili.com/v/technology/fun/?spm_id_from=333.5.b_7072696d61 72795f6d656e75.51#/all/default/0/3/

再点开第1页。

https://www.bilibili.com/v/technology/fun/?spm_id_from=333.5.b_7072696d61 72795f6d656e75.51#/all/default/0/1/

在看首页时,看不出规律,但点开其他页面,这时我们发现,各页的网址除了最后一位数字不同,其他都一样。而这个数字正好表示栏目页面的页码。

(2) 设置批量网址。

我们发现栏目页面网址的规律,就可以设置批量网址。用"[ ]"把页码范围括起来。如本例中要取前50页,范围设置为:[1-50]。本例的操作方法如下。

点击"Create new sitemap",在 Start URL 设置如下:

https://www.bilibili.com/v/technology/fun/?spm_id_from=333.5.b_7072696d61 72795f6d656e75.51#/all/default/0/[1-50]/

随后的操作参考例12-3,完成批量的爬取。

思考与练习

在招聘网(www.51job.com),爬取招聘的职位信息,爬取的职位信息如表12-1所示。

表12-1 爬取职位信息表

序号	0	1	2	3	4	5	6	7	8	9
职位	大数据	人工智能	云计算	Python	翻译	会计师	人力资源	法律	新闻	算法分析

具体要求如下:

(1) 根据学号尾号选择上表中搜索的职位,比如尾号为1的同学搜索"人工智能"的职位。

（2）要求爬取职位名、公司名，以及链接后面的职位信息。如果职位的页数太多，只需爬取前50页。

（3）下载爬取的结果，按授课教师要求提交。

在http://shangfr.shinyapps.io/Chinese-jiebaR/提取职位信息的50个关键词，填写在作业框中提交。